经世济民

诚信服务

德法兼修

德法兼修

诚信服务

经世济民

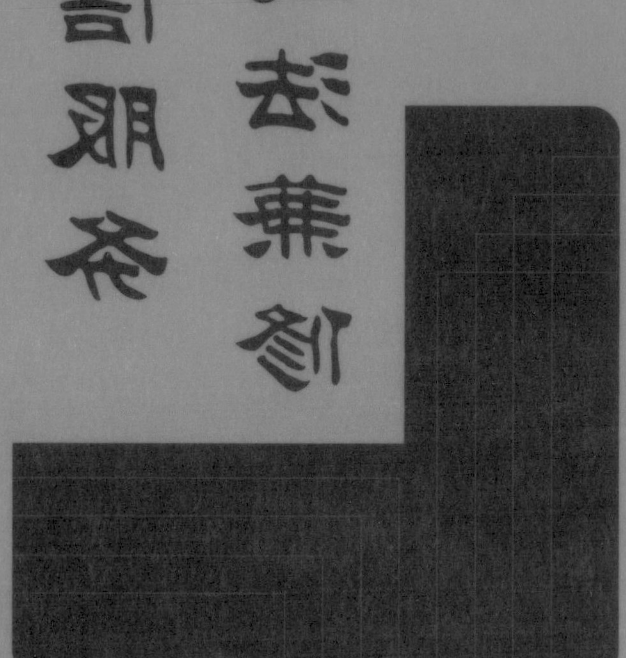

国家职业教育创新创业教育教学资源库配套教材

高等职业教育创新创业人才培养系列教材

职业本科教育创新创业人才培养新形态一体化教材

创新思维（第二版）

吴维　同婉婷　韩晓洁　主编

黄伟贤　王程程　副主编

中国教育出版传媒集团

高等教育出版社·北京

内容提要

本书是国家职业教育创新创业教育教学资源库配套教材，也是高等职业教育创新创业人才培养系列教材之一。

国家职业教育创新创业教育教学资源库是教育部、财政部为深化教育教学改革，加强课程建设，推动优质教学资源共建共享，提高人才培养质量而启动的国家级高等职业教育建设项目。

本书分为8个项目，形成了从学习到创新的实践闭环。具体内容包括：开启创新之门、打造创新者团队、定位创新坐标、启动创新雷达、洞察创新机会、提出创意方案、制作创意的原型、实现创意的商业价值。

本书设计了“新情境”“数字新时代”“德技并修”“创新之光”“创新行动”“训练工具卡”等栏目，紧贴数字时代产业发展新趋势，充分体现职业教育类型特色。学习者在开展创新实践活动时能够尽快定位方向，明确目标，推进流程。本书配套建设有数字课程与“教、学、做”一体化设计的专业教学资源，包括微课、动画、图片、在线测试等类型，内容丰富，功能完善。

本书既可作为高等职业教育专科、本科院校和应用型本科院校创新创业教育教学的教材，也可作为社会学习者和企业用户进行创新创业实践的参考资料和培训用书。

教师如需获取本书授课用PPT、电子教案等配套资源，请登录“高等教育出版社产品信息检索系统”（xuanshu.hep.com.cn）免费下载。

图书在版编目（CIP）数据

创新思维/吴维，同婉婷，韩晓洁主编. --2版. --北京：高等教育出版社，2024.7

ISBN 978-7-04-061854-9

Ⅰ. ①创… Ⅱ. ①吴…②同…③韩… Ⅲ. ①创造性思维 Ⅳ. ①B804.4

中国国家版本馆CIP数据核字（2024）第046877号

创新思维（第二版）

CHUANGXIN SIWEI

策划编辑 王 沛　责任编辑 贾若曦 刘其芸　封面设计 赵 阳 王 琰　版式设计 徐艳妮

责任绘图 易斯翔　责任校对 马鑫蕊　责任印制 存 怡

出版发行	高等教育出版社	网　　址	http://www.hep.edu.cn
社　　址	北京市西城区德外大街4号		http://www.hep.com.cn
邮政编码	100120	网上订购	http://www.hepmall.com.cn
印　　刷	保定市中画美凯印刷有限公司		http://www.hepmall.com
开　　本	787mm×1092mm 1/16		http://www.hepmall.cn
印　　张	15.75		
字　　数	360千字	版　　次	2020年5月第1版
插　　页	1		2024年7月第2版
购书热线	010-58581118	印　　次	2024年7月第1次印刷
咨询电话	400-810-0598	定　　价	46.80元

物 料 号 61854-00

“智慧职教”服务指南

“智慧职教”(www.icve.com.cn)是由高等教育出版社建设和运营的职业教育数字教学资源共建共享平台和在线课程教学服务平台,与教材配套课程相关的部分包括资源库平台、职教云平台和App等。用户通过平台注册,登录即可使用该平台。

- 资源库平台:为学习者提供本教材配套课程及资源的浏览服务。

登录“智慧职教”平台,在首页搜索框中搜索“创新思维”,找到对应作者主持的课程,加入课程参加学习,即可浏览课程资源。

- 职教云平台:帮助任课教师对本教材配套课程进行引用、修改,再发布为个性化课程(SPOC)。

1. 登录职教云平台,在首页单击“新增课程”按钮,根据提示设置要构建的个性化课程的基本信息。

2. 进入课程编辑页面设置教学班级后,在“教学管理”的“教学设计”中“导入”教材配套课程,可根据教学需要进行修改,再发布为个性化课程。

- App:帮助任课教师和学生基于新构建的个性化课程开展线上线下混合式、智能化教与学。

1. 在应用市场搜索“智慧职教icve”App,下载安装。

2. 登录App,任课教师指导学生加入个性化课程,并利用App提供的各类功能,开展课前、课中、课后的教学互动,构建智慧课堂。

“智慧职教”使用帮助及常见问题解答请访问help.icve.com.cn。

第二版前言

本教材是国家职业教育创新创业教育教学资源库核心课程、全国就业创业金课“创新思维”的配套教材。

党的二十大报告强调，“必须坚持科技是第一生产力、人才是第一资源、创新是第一动力，深入实施科教兴国战略、人才强国战略、创新驱动发展战略。”根据 2021 年国务院办公厅印发的《关于进一步支持大学生创新创业的指导意见》，创新创业教育应贯穿于人才培养的全过程。为了实现这一目标，需要以“面向全体、分类施教”的新观念为指导，对创新创业教育体系的基本结构进行更新，进一步深化职业教育类型特色，构建创新思维、工匠精神和科技实践联动的综合培养体系，为职业院校创新驱动发展战略的人才保障和智力支撑提供支持。

自《创新思维》出版以来，本教材编写团队一直与国内外知名大学及企业深化合作，共同开展了多次创新创业学术交流与研修培训活动。在此基础上，本教材编写团队积极汲取并借鉴了大量优秀的双创实践经验，对本教材的内容进行了完善与修订。本教材的修订实现了多方参与、联合编写的目标，具有以下鲜明特色：

1. 价值引领与专业学习有机结合

为贯彻落实党的二十大精神和全国高校思政工作会议精神，积极推动思想政治理论与专业知识结合的改革创新，本教材设定了具体的素养目标和体现我国创新成果的“创新之光”栏目，将课程思政教育贯穿于学习全过程，向学习者传递我国科技创新与开拓进取的精神，将思政教育与创新教育的价值性和知识性相结合，培养学习者以人为本、服务社会、报效祖国的使命感和责任感，从而实现“思创融合”。

2. 职教特色与项目学习理实结合

本教材具有鲜明的职业教育类型特色，注重创新思维模式和创新思维能力的双向培养，根据项目化学习特点，在修订中将章节结构调整为项目任务式。同时紧密结合当今业界对创新创业人才的具体需求更新教学内容，在每个任务学习前，增设“新情境”栏目，将创新问题前置引发学生思考；在项目结尾增设“德技并修”栏目，以创新人才培养为出发点，贯彻以人为本的教育理念，为学习者提供鲜活的创新实例，以培养他们的创新能力和职业素养，从而实现“专创融合”。

3. 项目实训与团队协作相辅相成

本教材引入丰富的实践训练内容，以推动创新思维教育，本次修订完善了“创新行动”和“训练工具卡”，以生动新颖的形式，灵活易用的内容来引导创新团队进行实践操作。其中，可随时裁剪使用的“训练工具卡”能够帮助学习者深入理解每一个创新设计点中的行动意义。这样，学习者既能够在独立实践中明确方向，也能够在团队协作中有效配合，实现“学创融合”。

4. 数字技术与全景课堂融会贯通

本教材配套课程被选为世界慕课与在线教育联盟首批输送海外的高质量精品在线课程，并开放给全球高校融合课程使用。在知识内容上，本教材新设计了“数字新时代”栏目，让学习者能够了解数字前沿技术在创新突破中的应用场景。在资源建设上，本教材可配合创新创业教学资源库使用，充分利用数字技术提升教学效果，可以实现线上线下混合式教学、自主学习、翻转课堂等教育创新实践，适用范围广泛，可进行多元混合驱动，实现“数创融合”。

本教材编写团队的成员均来自深圳职业技术大学创新创业学院。由吴维担任第一主编，负责教材的总体策划，包括项目一至项目八的“知识探究”“新情境”“创新行动”“训练工具卡”以及“德技并修”等栏目内容的撰写和统稿工作。教材配套的数字教学资源也由吴维提供。同婉婷担任第二主编，负责“数字新时代”栏目的编写以及项目八任务二“知识探究”的撰写。韩晓洁担任第三主编，负责“创新之光”栏目的编写。副主编黄伟贤、王程程主要负责“数字新时代”“创新之光”等栏目的素材提供及内容修订。李家德、谭丽溪也参与了编写，为教材“德技并修”提供了素材。全书由深圳职业技术大学黄志坚教授主审。

在本教材的编写过程中，编写团队得到了国家职业教育创新创业教学资源库以及丽湖职教国际双创虚拟教研室各位成员的全力支持；也得到了高等教育出版社各位编辑的大力协助。为了确保教材内容的准确性和完整性，编写团队在本教材编写过程中参考了大量的书籍、文献等相关资料，引用了多位专家学者的著作和研究成果，由于篇幅所限，无法一一列出，谨对大家一并表示衷心的感谢。

鉴于创新教育领域的快速发展，本教材所涉及的内容具有高度的前瞻性和时效性，加之编写时间和作者水平的限制，教材中难免存在一些疏漏和不成熟之处。恳请各位读者批评指正，以使本教材能不断改进和完善。创新本身具有“迭代”的特性，本教材也将持续进行迭代升级，以助力创新的变革，共同迎接充满希望的未来。

编者

2024 年 6 月

第一版前言

本教材是国家职业教育创新创业教育教学资源库核心课程“创新思维”的配套教材。国务院《关于深化高等学校创新创业教育改革的实施意见》(国办发〔2015〕36号)确立了到2020年建立健全高校创新创业教育体系,普及创新创业教育的总体目标。国务院颁布《国家职业教育改革实施方案的通知》(国发〔2019〕4号)(以下简称“职教20条”)明确提出,职业教育与普通教育是两种不同的教育类型。为了实现这一目标,必须以“面向全体、分类施教”的全新观念为指导,整体更新高职创新创业教育体系的基本结构,进一步深化以职业教育为特色的创新教育,构建高职院校学生创新思维、工匠精神与技能实践联动的培养体系,紧密结合双创教育资源库线上线下混合教学模式,为高职院校创新驱动发展战略提供强有力的人才保障和智力支撑。

近年来,本教材编写团队与斯坦福大学、百森商学院、哥伦比亚大学、IDEO设计咨询公司、Pebbo设计咨询公司、中国香港亚洲博览馆等知名大学与企业合作进行了多次创新创业学术交流与研修培训,吸收并借鉴了大量优秀的经验。在全国创新创业教育教学指导委员会的指导下,本教材实现了多方参与,联合编写。本教材具有如下鲜明特色:

1. 理论价值和专业知识结合

为贯彻落实党的十九大与全国高校思政工作会议精神,积极推动思想政治理论与专业知识结合的改革创新,本教材每一节教学内容都结合知识点设置了“思政目标”,每一章结合真实案例设置了“思政淬炼”栏目,开创性地把思想政治教育与创新教育的价值性和知识性相结合,把思政育人同创新实践结合起来,培育学生以人为本、服务社会、报效祖国的历史使命感。

2. 思维意识与方法技能合一

本教材内容立足当今业界对人才的需求标准和发展动向,将创新人才培养从问题出发,贯通以人为本的教育理念,侧重创新思维模式和创新思维能力双向培养的教学模式。逐级建立创新教育的科学逻辑体系,由意识启蒙到内涵理解再到方法流程与实践行动,最后落脚在项目方案的输出与验证。

3. 实践训练表单活页式编排,新颖易用

为落实“职教20条”提出的活页式教材精神,本教材针对创新教育的内容,引入了大量的实践训练内容，采用表单活页式排版，形式生动新颖，内容灵活易用。训练表单中既有打开学生思路的“脑力热身”活动，也有引导团队进行项目分解操作的“创新行动”，并配合“工具训练表”深入理解每一个创新设计点中行动的意义。

4. 跨界创新与“互联网 +”混合驱动

创新思维本身属于多学科交叉的一门课程，因此在教学定位上将本教材定位为全专业的通识教材，在实际的教学实践中亦鼓励学习者跨专业组建团队进行实践。本教材配合国家职业教育创新创业教育教学资源库使用，可以实现线上线下混合式教学、自主学习、翻转课堂等教育创新实践，适用范围广泛，多元混合驱动。

本教材由吴维担任第一主编、同婉婷担任第二主编、韩晓洁担任第三主编。本教材共分为八章，第一章由韩晓洁、吴维共同撰写，第二至六章由吴维撰写，第七、八章由同婉婷撰写。本教材大纲的编写，内容总体设计及最后的统稿与定稿由吴维完成。

本教材在编写过程中，荣幸地获得了国家级职业教育创新创业教育教学资源库主持人、深圳职业技术学院副校长马晓明教授高屋建瓴的指导，也得到了深圳职业技术学院创新创业学院执行院长文首文教授、范新灿副院长及黄伟贤副院长的鼎力支持，以及高等教育出版社李聪聪老师的帮助。此外，本教材在编写中还参考了大量的书籍、文献等相关资料，通过互联网搜集了相关资源，引用了多位专家学者的著作和研究成果，在此不能逐一列出，谨对他们一并致谢。

由于创新教育的发展十分迅速，涉及的内容具有较强的前瞻性与时效性，加之编写时间与作者水平之限，本教材的疏漏与不成熟之处在所难免，恳请各位读者批评指正，不吝赐教。创新具有“迭代”的基因，我们期待本教材有机会持续迭代，让创新推动变革，未来可期。

编者

2020 年 1 月

目　录

项目一

开启创新之门

【学习目标】

素养目标

- 认识创新思维对于个人成长的意义
- 培养因时制宜、知难而进、开拓创新的科学思维
- 树立创新应对人与社会有所贡献的意识

知识目标

- 了解创新的内涵
- 熟悉创新思维的概念与特点
- 熟悉全脑思维、水平思维与设计思维的概念
- 掌握创新思维的内在规律

技能目标

- 能够使用思维导图工具来进行联想及发散思考
- 能够使用“六项思考帽”来多角度分析问题
- 能够使用设计思维来推进项目思考

【项目导读】

创新是民族进步的灵魂，是国家兴旺发达的动力；创新思维则是因时制宜、知难而进、开拓创新的科学思维。在时代背景下，基于特定目标，创新与创新思维被赋予了特定的内涵。本项目将从剖析“什么是创新”开始，逐步认知创新的要素、创新的内容，以及创新的类型；从“什么是创新思维”开始，认识创新思维的特性，创新思维对个人的意义；从“常见的创新思维工具”开始，领会不同创新思维模式形成的路径，从而开启创新之门。

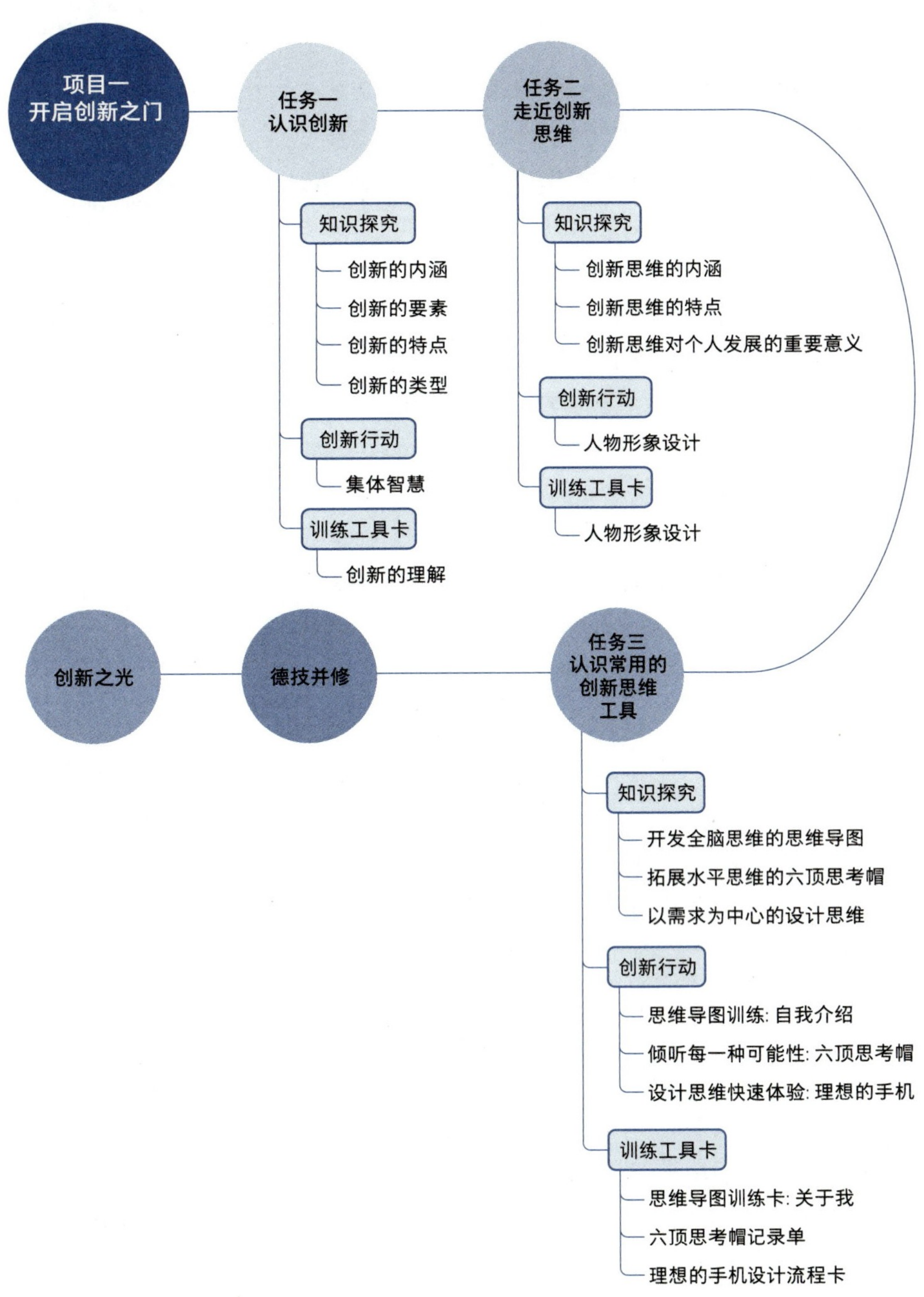

任务一　认识创新

【新情境】

惟创新者进，惟创新者强，惟创新者胜。科技的快速发展和社会的不断变革，带来了许多新情境和新环境。其中，数字化、智能化、网络化、全球化等趋势正在深刻地影响着人们的生活和工作。在当今时代下，许多新兴产业和新型企业应运而生，不断推动着社会的进步和发展。

就读于某职业院校机械制造专业的小张在学习期间发现，某种传统的机械加工工具存在着很多问题，如加工效率低、精度不高等。于是，他开始思考如何改进这种加工工具，以提高加工效率和精度。经过多次实验和尝试，小张利用智能数控技术发明了一种新型机械加工工具，不但在短时间内可以完成复杂的加工任务，而且精度更高。这种工具不仅可以提高生产效率，还可以减少人力成本和材料浪费，受到了业界的广泛关注和认可。

从小张的故事中可以看到创新的力量。那么，究竟何谓创新？本任务将对创新的内涵进行探究。

【知识探究】

一、创新的内涵

1．“创新”与“创造”

创新，从字面意义上理解，即为创造新的事物。在古代汉语中，将“创”解释为“始”，而“新”则与“旧”相对。创新这一词汇在历史文献中早有出现，如《魏书》中的“革弊创新”，《周书》中的“创新改旧”。与“创新”含义相近的词汇还有“维新”“鼎新”“咸与维新”“革故鼎新”“除旧布新”“苟日新、日日新，又日新”等。

在《现代汉语词典》中，“创”被解释为“开始”的意思，因此“创造”并非后造，而是始造。“创造”是指建立、想出或做出原先所没有的东西，它与“仿造”相对。通常所说的“创造”，意为造出了一个前所未有的事物。

“创新”是一个在日常使用中频率极高但含义较为模糊的词汇，如企业创新、产业创新、科技创新、制度创新和理论创新等。关于创新，大致有两种含义：一种是指创造了新的东西，这与“创造”实际是同一个意思；另一种是指原本存在一个事物，对其进行更新和改造，或造出一个新事物来代替它。在这种含义下，创新包含了创造。然而，创造不可能凭空而起，新的创造通常是建立在原有的事物或对其转化的基础上，这其中包含了对原有事物的创新。因此，创造中又包含了创新。

人类的创新与创造可以分解为两个部分：一是思考，想出新主意；二是行动，根据新主意做出新事物。一般而言，先是有了新的主意，然后才有新的行动。此外，创新和创造还有一种特定的含义，即学术界主流的术语定义。其中，创新是指想新的，而创造则是指做新的。在本书中，创新被定义为针对某个问题，以发展为目的，在继承已有知识和经验的基础上，大胆突破常规和传统，努力形成新事物、新方案、新设计、新技术、新理论的活动。

2．创新在经济与管理活动中的应用

创新在经济与管理活动中均有广泛应用。1912 年，经济学家约瑟夫·A．熊彼特在《经济发展理论》一书中首次提出了“创新理论”（Innovation Theory）。熊彼特指出，创新是指创新者将资源以不同的方式进行组合，创造出新的价值的活动。在熊彼特看来，经济发展就是整个社会不断地实现新组合，不断地从内部革新经济结构的过程。因此，他提出了“创造性破坏”的概念。熊彼特界定了创新的五种形式：开发新产品、引进新技术、开辟新市场、发掘新的原材料来源以及实现新的组织形式和管理模式。

管理学家彼得·F．德鲁克提出，创新是组织的一项基本功能，是管理者的一项重要职责。在此之前，人们普遍认为“管理”就是将现有的业务梳理得井井有条，不断提高质量、改进流程、降低成本、提高效率等。然而，德鲁克将创新引入管理，明确提出创新是每一位管理者和知识工作者的日常工作和基本责任。创新是指人们为了发展的需要，运用已知的信息，不断突破常规，通过执行新想法而创造价值的过程。

3．创新活动

创新活动的关键是“创”，这意味着创新不会平白无故地发生，而是创新者的想法和行动的结合。在创新的过程中，确实存在一些有用的“起点”和有益的“路标”，但创新的可持续发展来源于由彼此重叠的理念构成的系统，而不是一串秩序井然的步骤。这些理念分别是：

- 灵感，指那些激发人们寻找解决方案的问题或机遇。
- 构思，指产生、发展和测试想法的过程。
- 实施，指把想法从实验室推向市场的路径。

三者之间的关系如图 1–1 所示。

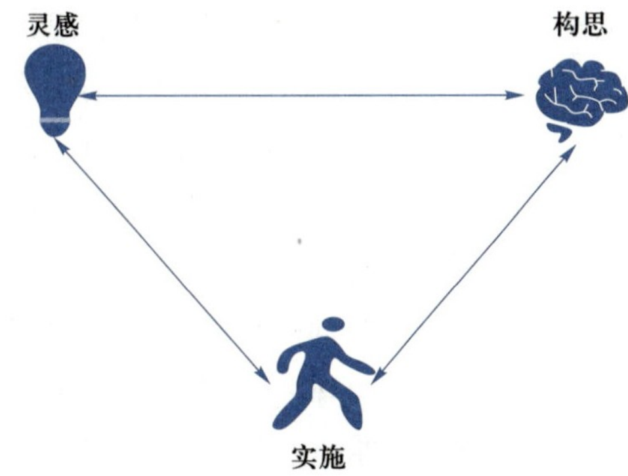

图 1–1　创新相关理念之间的关系

创新是每个人都可以参与的活动，是在科学的管理方法指导下，采取正确的思维方式，基于具体问题出发的“分析问题—解决问题—创造价值”的过程。而现实中却存在着关于“创新”的模糊甚至错误的认知，使得人们对于创新敬而远之。这些误解会削弱个体参与创新的热情，甚至会影响群体的革新能力。常见的对于创新的误解有以下几种。

- 误解 1：创新就是科技创新。
- 误解 2：创新一定是自主创新。
- 误解 3：创新是少数天才的事情。
- 误解 4：创新意味着对过去的颠覆。
- 误解 5：创新的成本非常高。
- 误解 6：创新就是灵光一现的想法。

二、创新的要素

很多人认为创新就是“新”，然而在实践中可以发现，“前无古人”的全新想法有时并不是解决问题的最佳方式。创新需要包含三大要素，即用户的需求性、技术的可行性和商业的可持续性，如图 1-2 所示。

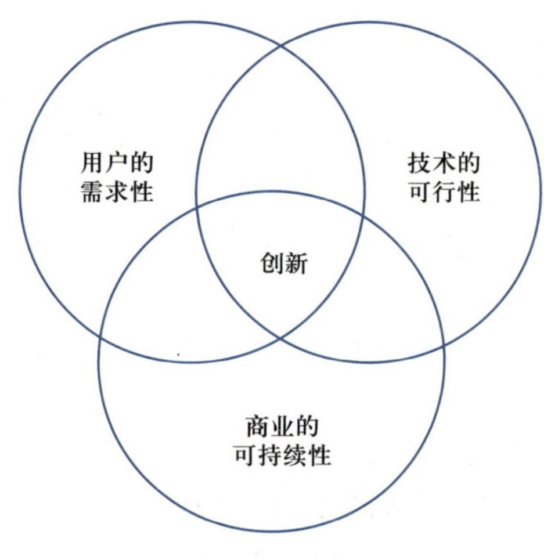

图 1-2　创新的三大要素

1．用户的需求性

创新的产品、服务或者内容一定是用户所渴望的，是和别的产品、服务或者内容有所不同的，甚至是“独一无二”的。这里所强调的是“新”，是为满足用户需求而独特存在的内容。

2．技术的可行性

有了新的想法，并不代表完成了创新，该想法还要可以落地，要有相应的技术和实力，保证创新想法可以实现。

3．商业的可持续性

即使创新想法具备实现的条件，但是如果实现成本过于高昂，其价值就无法充分体现。这样的创新是没有可持续性的，也不是真正的创新。

【数字新时代】

华为的数字化新机遇

结合创新思维与数字技术手段，企业能够创造数字化的新价值和机会。华为公司深知生产流程优化对于提升效率与降低成本的重要性。在数字化转型的推动下，华为已成功实现生产流程的自动化与优化。在生产线上，华为引入了尖端的自动化设备，包括机器人、传感器与智能仪表等。这些设备通过物联网技术紧密相连，实时监控与采集生产流程的相关数据。

此外，华为充分利用大数据分析、机器学习等技术，对生产数据进行高效处理与深度挖掘。通过对数据的洞察，华为能预测设备可能发生的故障，优化生产流程，提升产品质量与生产效率。华为应用虚拟仿真技术对生产流程进行模拟与优化，此技术让华为能在实际生产前评估与改进流程，减少生产过程中的浪费与错误。

通过数字化技术的广泛应用，华为实现了全方位的生产流程优化，包括提升生产效率、降低设备故障率及减少人力成本等。同时，华为的产品质量与用户满意度也得以显著提高，充分展示了如何利用数字经济为传统制造业带来价值与机遇。

三、创新的特点

创新具有以下特点：

1．求知性

在创新的征程上，人们靠着不断发现并提出问题来寻找前行的道路，虽然这个过程并不总是尽善尽美，但每个问题的诞生都是一次思想的砥砺。这些问题宛如明灯，照亮了前进的方向，引导人们穿越未知的迷雾。每个问题都是一个潜在的创新机遇，为人们揭示出未曾注意到的新领域。

提出问题，是人们与生俱来的能力。每一个问题都饱含着对探索未知的渴望，对创新的向往。每一个问题都像一把钥匙，打开了一扇扇通往智慧的大门。每一个问题都代表着一次新的机会，每一次提问都是一次新的开始。人们以提出问题为起点，在创新的道路上，不断前行。

2．突破性

要实现创新，必须敢于突破常规思维，摆脱固有观念和惯性思维的束缚，勇于尝试新的方法。同时，还要不断学习新知识，了解行业动态和市场变化，积极拓宽自己的视野和思维方式。

在创新过程中，要敢于接受失败和挫折，并从中汲取经验和教训，不断完善和提升自己的创新能力。此外，要突破沟通壁垒，与他人积极交流和合作，汲取不同的意见和建议，形成团队合力，共同推进创新的实现。

3．新颖性

“新”的意义不仅仅在于“出新”，还在于它是创新的核心所在。创新是一个不断推进的过程，需要不断地探索新的思路和方法。只有通过不断地创新，才能不断地满足人们新的需求，提高人们的生活质量。

在创新的作用下，人们可以用新的思路和方法去解决问题，从而获得新的理论、新的技术、新的设计、新的方案，以及新的产品。这些新的成果不仅可以满足人们的需求，还可以推动社会的进步和发展。

创新的本质在于新颖，在于不断地推陈出新。在这个过程中，人们需要具备创新的精神和实践能力，敏锐的观察力和创造力，以及勇于尝试和不断探索的精神。

4．继承性

“如果说我比别人看得远的话，那是因为我站在了巨人的肩膀上。”这句话阐述了新旧之间的关系，新的观点和想法往往是在旧有的基础上进行改进和创新的结果。因此，继承是所有创新的基础，只有在继承的基础上进行创新，才是科学的、合理的。

在科学研究中，继承和创新的关系尤为明显。科学家们通常需要在前人的科学理论、研究成果基础上进行深入研究，通过实验、观察、推理等方式，发现新的规律、定理或现象。这种创新是在继承的基础上进行的，因此更具有科学性和可信度。

在日常生活中，创新和继承也息息相关。比如在文化传承中，需要在继承中华优秀传统文化的基础上进行创新，才能创造出更加丰富多彩的文化艺术作品。在工作中，也需要继承已有的经验和知识，通过创新的方式来解决新的问题，提高工作效率和质量。

5．发展性

创新的目的很明确，即创新要有利于生产力的发展，有利于社会的发展，有利于人的发展。这一观点不仅在科研领域被广泛认可，在社会的各个领域也都同样适用。

创新的目的是推动人类社会生产力的进步。从工业革命开始，蒸汽机的出现使得人类的生产力得到了极大的提高。后来，随着电力、石油化工等在人类生活生产中的广泛应用，人类社会走进了更先进的电气时代。随着信息技术的快速发展，互联网、人工智能等技术的出现，生产力得到进一步的发展，人类社会先后进入了信息时代、智能时代。这些创新成果的出现，都是为了更好地服务于生产力、社会和人的发展。

在社会领域，创新的目的是推动社会各方面的进步和发展，以及提高人们的福祉。从政治制度的改革到经济体制的改革再到文化体制的改革，人们通过制度创新解决社会中出现的问题。同时，随着社会的进步和发展，人们对于生活质量的要求也在不断提高，从基本的物质生活需求到精神文化需求，再到自我实现的需求，都需要不断地进行创新。例如，通过引入新的技术和理念，可以改善人们的出行方式、居住环境和健康状况；通过引入新的文化理念和教育方法，可以改善人们的学习和工作方式；通过引入新的心理辅导和医学治疗方法，可以改善人们的身心健康和生活质量。

四、创新的类型

1．原始创新

原始创新是指在某个领域或行业中，通过全新的技术、产品或服务，创造出全新的市场或颠覆现有市场的创新。它通常需要大量的研发投入并承担一定的风险，具有较高的不确定性和不可预测性。例如，量子计算机的开发和应用体现了原始创新。

2．集成创新

集成创新是指将现有的想法和技术整合在一起，以创造一种新的产品或服务的创新。集成创新通常比原始创新更快、更容易实现，因为它可以利用现有的技术和知识。例如，将手机智能系统和手表集成在一起，创造出智能手表，就体现了集成创新。

3．渐进式创新

渐进式创新是指对现有产品或服务进行相对较小的改进，以满足市场需求或提高性能的创新。渐进式创新通常又比原始创新和集成创新更容易实现，因为它不需要太多的研究和开发，也不需要太多的资源。例如，对手机摄像头的改进就体现了渐进式创新。

4．破坏性创新

破坏性创新是指通过引入新的技术、产品或服务，打破现有市场格局，颠覆传统的商业模式，创造出新的市场或者在现有市场中占据领先地位的创新。它通常在现有技术或产品的基础上进行改进和创新。例如，电动汽车和云计算就体现了破坏性创新。

5．协同创新

协同创新是指通过合作和协作的方式，将不同组织和个人的想法和技术整合在一起，以创造一种新的产品或服务的创新。协同创新通常需要多个组织和个人的合作和协作，可以创造出比单独工作更大的价值。例如，生物医学研究和开发就体现了协同创新。

6. 商业模式创新

商业模式创新是指通过改变企业运营方式或者收入模式来创造新的价值的创新。商业模式创新通常需要对市场发展趋势有深入的理解,对客户需求有准确的把握,同时需要拥有出色的商业头脑和战略规划能力。例如,订阅模式、共享模式、去中介化模式等都体现了商业模式创新。

7. 流程创新

流程创新是指在生产或服务过程中,通过改进或替换现有流程提高效率和质量的创新。流程创新可以是简单的优化,也可以是全面的改革。例如,精益生产、六西格玛、流程再造等都体现了流程创新。

8. 产品服务创新

产品服务创新是指通过改进或扩展现有的产品或服务,以满足不断变化的市场需求的创新。产品服务创新需要对市场发展趋势有深入的理解,同时也需要对产品或服务本身有深入的理解。例如,定制化产品、增值服务、个性化解决方案等都体现了产品服务创新。

9. 组织结构创新

组织结构创新是指通过改变组织的结构、文化、管理方式等,以适应不断变化的市场环境的创新。组织结构创新可以是简单的调整,也可以是全面的变革。例如,扁平化管理、网络型组织、无边界组织等都体现了组织结构创新。

10. 品牌创新

品牌创新是指通过改变品牌的形象、定位、传播方式等,以在竞争激烈的市场中脱颖而出的创新。品牌创新需要对消费者需求有深入的理解,同时也需要拥有出色的品牌管理和市场推广能力。例如,差异化品牌定位、品牌重塑、数字化品牌营销等都体现了品牌创新。

【创新行动】

集 体 智 慧

创新行动:集体智慧

行动准备

1. 时间:20 分钟。

2. 参与人员:团队成员。

3. 工具:大白纸、便利贴、马克笔。

行动目标

用集体的智慧总结得出对于创新的理解。

行动步骤

1. 每个团队成员都先写下自己对创新的理解,写得越多越好。

2. 用关键词来概述,一张便利贴写一个关键词。

3. 把所有人的便利贴粘贴在大白纸上。

4. 把相同的内容粘贴在一起,对不同的内容进行分类。

5. 对分类后的关键词进行总结,达成团队对于“创新”的共识。

【训练工具卡】

创新的理解

创　　新

请在方框的空白处写下你对于创新理解的关键词

训练工具卡

任务二　走近创新思维

【新情境】

某职业院校电子信息工程专业的学生小李在学习期间发现了一个问题：在学校的实验室中，经常会出现设备故障，导致实验无法进行或者数据无法准确采集。这给学生的实验学习带来了很大的困扰。

小李经过调查和分析，发现这些设备出现故障的原因主要是设备存在电路板老化、元器件损坏等问题。传统的维修方式是先将故障的电路板拆下来，更换损坏的元器件，再重新安装回去。但是这种方式不仅费时费力，还容易出现误操作，导致更多的故障。于是，小李为了解决这个问题，进行了多次实验和尝试，发明了一种新型的电路板检测仪器。该仪器不仅可以快速检测出电路板上的故障点，而且可以自动识别出需要更换的元器件型号和位置。

通过观察与思考，小李发现了别人忽略的问题并运用创新的方式将其解决。可见创新是离不开人运用创新思维来进行创造的过程，创新思维正是创新的动力源泉。无论是社会发展还是经济变革，都需要人们用创新思维去分析和解决前进路上的新情况、新问题。

【知识探究】

一、创新思维的内涵

创新思维是指以新颖、独创的方法解决问题的思维过程。通过创新思维能突破常规思维的界限，以超常规甚至反常规的方法与视角去思考问题，提出与众不同的解决方案，从而产生新颖、独到、有社会意义的思维成果。

创新思维的本质在于将创新意识的感性愿望提升到理性探索层次，实现创新活动由感性认识到理性思考的飞跃。

二、创新思维的特点

1．联想性

联想性是指将表面看来互不相干的事物联系起来，从而达到创新的界域。联想性的思维可以利用已有的经验创新，如人们常说的由此及彼、举一反三、触类旁通，也可以利用别人的发明或创造进行创新。联想是创新者在创新思考时经常使用的方法，也比较容易见到成效。

能否主动地、有效地进行联想，与一个人的联想能力有关，而在创新思考的过程中能够有意识地运用这种能力，则是有效进行创新的重要前提。任何事物之间都存在一定的联系，这是创新者们能够进行联想的客观基础，因此联想的最主要方法是积极寻找事物之间的一一对应关系。

2．求异性

求异性是指在创新活动的初期阶段，创新思维的表现形式往往呈现出一种“与众不同”的特点。它追求的是与常规不同的思考方式，挑战的是传统的观念和规则。这种求异性的思维使得创新者们能够从全新的角度看待问题，发现隐藏在现象背后的本质，以及那些看似矛盾的现象中所蕴含的深刻内涵。

创新思维在创新活动中的重要性不言而喻。它能够引领创新者们走向新的、未知的领域，把握住转瞬即逝的机会。在创新初期，这种求异性的创新思维更是显得尤为重要。只有关注不同的事物，挖掘出独特的观点和见解，进行思维创新，才能够打破常规，实现创新。

3．发散性

发散性是指思维具有开放性，从某一点出发，任意发散，既无一定方向，也无一定范围。它主张张开思维之网，冲破一切禁锢，尽力接收、连接更多的信息。人的身体行动可能会受到各种条件的限制，但人的思维活动却有无限广阔的天地，是外界因素难以限制的。

发散性是创新思维的核心。发散性的思维能够产生众多的可供选择的方案、办法及建议，能提出一些别出心裁、出乎意料的见解，使一些似乎无法解决的问题迎刃而解。

4．逆向性

逆向性是指思维过程中有意识地从常规思维的反方向去思考问题。如果把传统观念、常规经验、权威言论视作不可改变的约束条件，创新者们的思维将无从展开。面对新的问题或长期解决不了的问题，不要只沿着长久形成的、固有的思路去思考问题，而应尝试从相反的方向寻找解决问题的办法。

5．综合性

综合性是指思维过程中把对事物的各个侧面、部分和属性的认识统一为一个整体，从而把握事物的本质和规律。综合性的思维不是把对事物各个部分、侧面和属性的认识随意地、主观地拼凑在一起，也不是把它们机械地加总，而是根据它们内在的、必然的、本质的联系把整个事物在思维中再现出来。

三、创新思维对个人发展的重要意义

创新思维对个人发展的重要意义可归纳为以下几点：

1．创新思维的拥有与否，将决定一个人的职业发展

拥有创新思维的人往往能够拥有更好的工作表现和更广阔的发展前景，而缺

乏这种思维的人则往往因为难以应对复杂多变的局面而限制了其职业发展。在职场中踏实肯干固然重要,但具备创新性的应变思维、超前思维和联想思维等更为关键,因为这些思维能够更好地适应时代发展的需要,更好地应对未来的挑战。

2. 创新思维的认知与否,将决定一个人的目标定位

准确认知自身的创新思维水平以及了解其表现形式,对于个人的目标定位具有重要意义。准确了解、把握自己的创新思维水平及其表现形式,有助于每个人更好地认识自我,科学设计自己的目标,从而更好地锻炼和提升自我,并进行修正完善。一个人所从事的工作应与自身的素质、类型、兴趣、个性、风格和价值观念相结合。如果不了解自己属于何种素质、何种类型的人才,就难以做出合理的选择,不仅工作无法出色,事业也难以有为,甚至会不自觉地浪费自己宝贵的天赋。

3. 创新思维的卓越与否,将决定一个人的事业成就

创新思维的卓越与否,将深远地影响一个人的事业成就。古往今来,那些在事业上有所建树、有所作为的人,几乎都有着卓越的创新思维。他们凭借出色的创新思维,有效组合各种资源,准确评估并反馈信息,科学梳理并分析情况。简而言之,他们依靠智慧、独特视角、创新思维和精准决策,开拓了事业领域的广阔天地。

4. 创新思维的超凡与否,将决定一个人的勇气谋略

具备卓越的创新思维的人们,往往能够冲破传统的思维束缚,提出新颖独特的观点和想法。这种思维激发了他们的勇气和胆识,使他们敢于挑战前人的智慧和观念,勇于尝试前所未有的行动。同时,他们也能够深入思考前人未曾触及的问题,从新的角度审视世界,发现隐藏在问题背后的机遇和挑战。

是否拥有超凡的创新思维,决定了人们在勇气、胆识以及谋略水平上的高低。一个具备创新思维的人,往往能够独立思考、积极尝试、勇于创新,从而在各个领域中取得突出的成就。他们能够敏锐地捕捉机遇,灵活地应对挑战,展现出非凡的勇气和胆识。同时,他们也能够从不同的角度审视问题,制订出具有前瞻性和战略性的计划,展现出高超的谋略水平。

【创新行动】

人物形象设计

行动准备

1. 时间:20 分钟。

2. 参与人员:团队成员。

3. 工具:白纸、彩笔。

行动目标

通过人物形象设计的活动,将团队成员的特点、技能特长以及兴趣爱好展示给团队其他成员,这样能够让团队成员之间尽快地熟悉,为进一步合作打下基础。

行动步骤

1. 描绘个人轮廓。给每一位成员提供一张白纸，让他们将自己的形象画在纸上。

2. 个人描述。每位成员为自己的人物形象设计一个标题。在标题的下方写明自己的人物特点、兴趣爱好或者技能特长。

3. 相互介绍。将团队成员的人物形象设计在小组内彼此分享交流，通过此次活动，让成员之间有更深层次的了解。

行动说明

本创新行动是一个以团队成员为原型设计人物形象，向其他团队成员展示自己的破冰活动。每位成员都应当积极地向其他成员展示自己，这样便于在接下来的创新行动中按照成员特质进行团队分工。

【训练工具卡】

人物形象设计

贴上 / 画上个人形象

在这里贴上 / 写下标题

在此处写下自己的人物特点、兴趣爱好或者技能特长。

训练工具卡

任务三　认识常用的创新思维工具

【新情境】

某职业院校社区管理专业的学生在社区担任志愿者时，发现独居的老年人一旦发生意外，很难及时联系他人寻求帮助。为了解决这个问题，学生们在讨论中运用多种思维工具辅助思考，为老年人设计出一款内置传感器和 GPS 定位系统的智能穿戴设备，可以实时监测老年人的身体状况，如心率、血压等，同时，当老年人发生紧急情况，如突然摔跤、晕倒等，可以自动发出安全预警，让家人或医生及时得知。学生们认为老年人可能不太会使用智能设备，因此将智能穿戴设备的操作流程设计得简单易懂，让老年人可以轻松使用。尽管这些同学并不是设计专业背景，但是通过正确运用创新思维工具，为解决老年人身体安全问题和智能设备使用问题作出了自己的贡献，让老年人可以更加安心、便捷地生活。

创新并不是一件容易的事情，需要运用一定的思维工具和方法来帮助创新者发掘新的想法和解决问题。本任务将介绍一些创新的思维工具，帮助创新者更好地应对挑战和机遇。这些工具包括思维导图、六顶思考帽、设计思维等。通过学习和应用这些思维工具，创新者们可以更好地发挥自己的创造能力和创新能力。

【知识探究】

一、开发全脑思维的思维导图

1．全脑思维的概念

1981 年，科学家研究发现，大脑左半球擅长语言和计算，思考时习惯于做逻辑分析；大脑右半球擅长对空间和音乐、艺术、情绪等抽象事物的感知，思考时偏向于整体直观感受。

由于人类左右脑的思考模式不同（见图 1-3）且各有所长，因此同时调用左右脑进行思考是能更好地发挥人类大脑潜能的思维模式。全脑思维是指从多角度、多视野去思考和联想的思维模式，将左右脑所擅长的要素充分调动起来，提高思考效率，激发创造力。人脑不是按照工具条和菜单的方式进行思维的，它像所有自然生物一样进行着“有机”的思维——像神经系统或树枝那样非常发散，但彼此间又有连接。

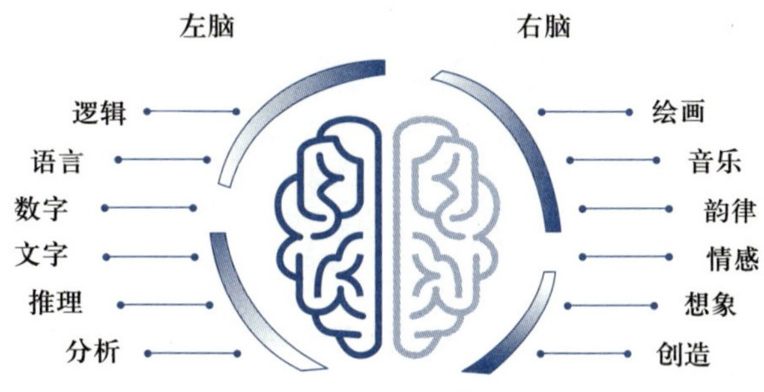

图 1-3　左脑和右脑的不同思考模式

2．思维导图的定义

思维导图是指表现大脑思考和产生想法的过程，将大脑内部运作的过程进行外化呈现的图像。它用图形辅助思考，用全脑思维代替线性思维，可以广泛应用到认知功能领域，尤其是记忆、创造、学习和各种形式的思考。

当需要整理知识体系繁杂的学习笔记时，当需要一份清晰明了的演讲提纲时，当写作文不知道该从何处下笔时，当外出购物担心遗漏要购买的物品时，当进行头脑风暴创意天马行空无从记录时……思维导图都可以帮助人们最大限度地调用左右大脑共同参与这个思考过程，提高效率。绘制思维导图能激发人们探索的天性，从而解放思维，开启创造无数观点的可能性。绘制出思维导图后，许多要素往往就能够一目了然地呈现出来，这就增加了创造性联想和发现新联系的可能性。

思维导图的优点如下：

（1）能够梳理凌乱的想法，聚焦主题。

（2）能够进一步拓展思路。

（3）能够在孤立的信息之间建立联系。

（4）能够清晰画出全景图，帮助人们观察到细节与整体。

（5）能够对孤立的主题加以形象描绘，便于发现当前思考的不足。

（6）便于进行概念组合和再组合，进行各要素之间的比较。

（7）有助于维持思维的积极性，不断探索新方案。

（8）能够把注意力集中在主题上，将短时记忆转化为长时记忆。

（9）促进思维发散，能够多角度捕捉新思想。

3．思维导图的绘制技巧

（1）从一张白纸（建议将纸横放）的中心开始绘制，周围留出空白。从中心开始，让思维向各个方向发散，更自由、更自然地表达。

（2）用一幅图像或图画表达中心思想。如果某个特别的词在思维导图中是要处于中央位置的，那么这个中心词也可以通过增加层次、色彩和外形，使其变成一个图像（见图 1–4）。

（3）在绘制过程中使用颜色。和图像一样，颜色能让大脑兴奋，能够增添跳跃感和生命力，为创造性思维注入巨大的能量。

（4）先将中心图像和主要分支连接起来，再把主要分支和二级分支连接起来，接着再把二级分支和三级分支连接起来，以此类推，直至全部连接。大脑是通过联想来思维的，将相关分支连接起来，更容易理解和记忆。

（5）让思维导图的分支自然弯曲而不是像一条直线。大脑往往会对直线感到厌烦，曲线和分支就像大树的枝杈一样更能引起大脑的注意（见图 1–5）。

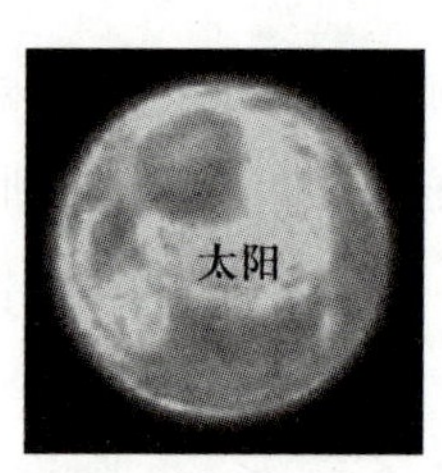

图 1–4　中心词（图像）

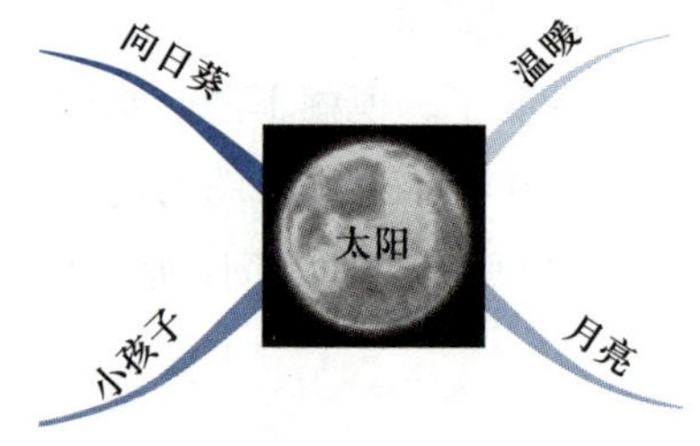

图 1–5　曲线和分支

（6）在每条线上使用一个关键词（见图 1–6）。单个的词汇更具有力量和灵活性。当使用单个关键词时，每一个词都更加自由，有助于新想法的产生。每一个词语和图形都像一个母体，通过人的思维"繁殖"出与它相关的、互相联系的一系列"子代"词语。

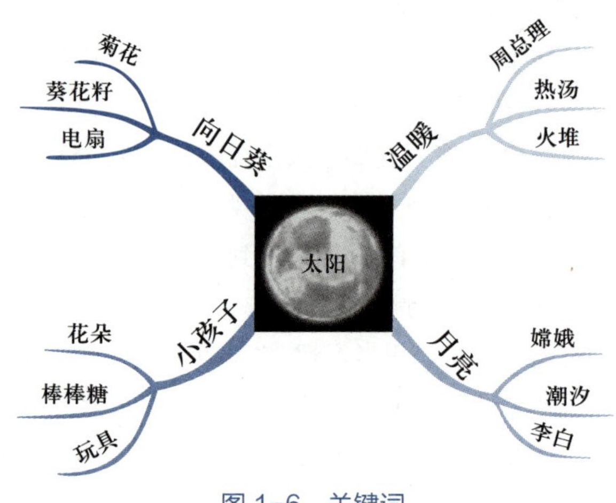

图 1–6　关键词

（7）使用图形完善。图形包含了远超词汇的信息量，所以，在思维导图中可以使用图形完善。

4．思维导图绘制中的原则

（1）突出重点。突出重点是加深记忆和提高创造力的重要因素之一。在绘制思维导图的过程中有一些技巧可以帮助绘图者做到这点：如多使用图像，且中央图像可以使用三种或者更多的颜色；注意主干和分支之间的层次感，可以通过字体、颜色、线条的变化来强调；主干和分支之间的间隔有序而恰当等。

（2）发挥联想。联想是加深记忆和提高创造力的另一个重要因素。它是一个整合工具，是人脑记忆和理解的关键。联想的力量可以使大脑进入话题的更深层次。在绘制思维导图的过程中有一些技巧可以帮助绘图者做到这点：比如，不同分支间想要连接时可以用箭头（单、双向皆可）；使用各种色彩进行组织和分类；使用代码，通过简单的颜色、符号、形状和图形来指代一些特殊意义等。通过抽象的指引，激发大脑产生联想。

（3）清晰明了。模糊不清会妨碍感知，保持清晰则可以让联想思维和重点回忆更加流畅。在绘制思维导图的过程中有一些技巧可以帮助绘图者做到这点：比如，每条线上只写一个关键词；所有的文字书写清晰；中央线条加粗；确保图形清晰可辨等。

二、拓展水平思维的六顶思考帽

1．水平思维模式的概念

创新思维要打破原来固有的思维顺序，允许大脑在不同时间对不同方向的信息保持敏锐，鼓励人们同一时间从同一个角度和侧面进行思考，也就是通常所说的水平思维模式。

假设有一座漂亮的大房子，一个人站在房子的前面，一个人站在房子的后面，另外两个人分别站在房子的左右两边。四个人看房子都有不同的视角，四个人都认为自己看到的那一面是正确的一面。这代表了典型的传统思维模式。这种思维模式的局限在于只从自身的、片面的角度进行思考。

如果运用水平思维模式，那么这四个人会绕房子一圈，分别看到房子前后左右的四个面。因此，在每个时刻每个人都对同一观点进行平行思考。这种思维模式让每个人最后都看到了房子的所有面，房子得到了全面的观察。与之相似，在水平思维模式中，各种观点都会被平行地同等对待。

水平思维模式打破了常规的思考习惯，它不过多地考虑事物的确定性，即“是什么”，而是考虑多种选择的可能性，即“能够成为什么”；水平思维模式强调创意的推进，而不是一味追求决策的正确性或评价；水平思维模式不关心如何完善旧观点，而是在意如何提出新观点，它关注的是价值重整、模式创新、理念突破、重新定位。

2．六顶思考帽的思考方向

六顶思考帽是一种思维训练模式，它提供了应用水平思维模式的工具。在水平思维模式中运用六顶思考帽时，要求同一时刻每个人都专注于同一方向，让每个人的经验和智慧都得到充分运用，让混乱的思考变得更清晰；避免因思考方向不明确而将时间浪费在互相争执上；可以使团体中无意义的争论变成集思广益的创造，使每个人都变得富有创造性。

六顶思考帽用六顶不同颜色的帽子比喻六种不同的思考方向。帽子的优点在于可以轻易地“戴上”或“脱下”，并且会被周围的人非常明显地看见。要注意的是，六顶思考帽代表的是思考方向而不是对发生的事情的描述。如果说“让我们戴上白色思考帽”，这意味着思考时对信息的关注，团队中每个人要努力思考可获得的信息、所需要的信息、可能被问及的问题，以及其他获取信息的途径。应避免用帽子对人进行分类，比如“她是一个戴黑色思考帽的人”。帽子只代表不同的思考方向，把帽子当作分类标签是很危险的，这违背了水平思维模式力图促使每个人观看各个方向的主旨。

六顶思考帽对“佩戴者”即将扮演的角色做了明确规定，设立了游戏规则，成为了一种思维语言。不同颜色的思考帽所指代的思维方向如下所示。

（1）白色思考帽。白色代表中性和客观，代表纯粹的事实、数据和资料。在使用白色思考帽时，态度必须是中立的，关注客观的基本资料与信息。使用时可以做以下提问：

- 现在拥有哪些信息？
- 希望拥有哪些信息？
- 如何获得相关信息？

（2）红色思考帽。红色代表情绪、感觉、直觉和预感。红色思考帽提供的是感性的看法。它允许人们释放感觉与直觉，不需要道歉和解释，也不必想办法为自己的行为辩解。具体来说，在使用的时候，要正确认识和运用直觉与情绪；不要证明或解释自己的感觉；认可预感，但非凭预感做决定；避免争辩，须在 30 秒以内作出回答。应避免过度使用红色思考帽。使用时可做以下提问：

- 现在有什么感受？
- 直觉反应是什么？它代表什么？

（3）黑色思考帽。黑色代表冷静和严肃。黑色思考帽意味着小心和谨慎，它会指出观点的风险所在；会对事实和数据提出质疑，指出不符合经验的方面；会合理地提出自己的个人经验；会指出未来的危险与可能发生的问题。黑色思考帽是对黄色思考帽的“制衡”。使用时可做以下提问：

- 这样做会起作用吗？
- 这样做的缺点是什么？
- 为什么不能这样做？
- 这样做会存在什么危险？

（4）黄色思考帽。黄色代表阳光和价值。黄色思考帽可以提供乐观、充满希望的积极的思考方向。它可以帮助人们探求事物的优点；也可以在未来不确定的时候，通过一些问题建立可行性的基础，比如寻求线索、预测趋势和其他可能性。使用时可做以下提问：

- 导致这件事情成功的要素是什么？

- 如果朝着这个方向继续努力，会出现的成功画面是怎样的？
- 乐观思考的原因是什么？

（5）绿色思考帽。绿色是草地和蔬菜的颜色，代表丰富、肥沃和生机。绿色思考帽指向的是创造性和新观点。在绿色思考帽下，人们排列出各种可能的选择，这既包括原有的选择也包括新产生的选择。绿色思考帽的价值在于让每个人都留出专门的时间进行创造性的思考。使用时可以做以下思考：

- 新的想法、建议和假设分别是什么？
- 我们还有其他方法做这件事情吗？

（6）蓝色思考帽。蓝色是天空的颜色，代表了冷静和高维度的思考。蓝色思考帽指向的是对思考过程和其他思考帽的控制和组织。在蓝色思考帽下，人们不再思考讨论的主题，而是考虑那些与主题有关的思维。它经常使用在思维的开始、中间和最后阶段。例如，会议主席一般都会使用蓝色思考帽来组织会议。此外，蓝色思考帽有一个重要的工作就是打断争论。使用时可做以下提问：

- 目标是什么？应当从哪里开始？
- 议程是怎样的？
- 怎样去总结？
- 下一步该怎么做？

3．六顶思考帽的使用方法

六顶思考帽有两种基本使用方法：一种是单独使用某顶思考帽来进行某个类型的思考；另一种是连续使用多顶思考帽来考察和解决一个问题。

（1）单独使用。在单独使用中，思考帽就是特定思考方法的象征。例如：

- 对于存在风险的问题，应该戴上黑色思考帽来考虑。
- 这项建议看起来没什么前景，可以戴上黄色思考帽来思考一下。

（2）连续使用。六顶思考帽可以一个接一个按序列使用，但没有绝对正确的使用顺序，可以随时调整，也可以根据需要选取其中几顶不同颜色的帽子组成一个新的小序列。有的序列适合考察问题，有的适合解决问题，有的适合协调争论，有的适合得出结论等。

一般而言，就像一本书的首页和末页一样，蓝色思考帽在讨论的开始和结束的时候都需要使用。

在开始时使用蓝色思考帽是因为它指示了：

- 为什么在这里讨论？
- 思考的问题是什么？
- 思考的背景是什么？
- 问题的表述是什么？
- 有没有其他表述方法？
- 想达到什么样的结果？

- 想在什么地方结束讨论？
- 按序列使用思考帽的计划是什么？

在结束时使用蓝色思考帽是因为它指示了：

- 讨论取得了什么样的成果？
- 产生的效益如何？
- 结论如何？
- 怎样设计的？
- 问题解决得怎样？

4．六顶思考帽的使用原则

（1）纪律。团队的成员必须遵循某一时刻使用指定的某一顶思考帽的思考方法，任何成员不允许随便说："这里我想戴上黑色思考帽思考。"这就意味着又回到了争论的模式。只有团队的领导、主席或者主持人才能决定使用什么思考帽。思考帽不能用来描述想要说的内容，而是用来指示思考的方向。

（2）计时。一般使用某一顶思考帽的时间不宜太长，以使成员们能够集中精力解决问题，避免争论。通常每个人戴一顶思考帽的发言时间是 1 分钟。但也要根据实际情况进行调整，如果在运用黑色思考帽的过程中有人提出了很好的建议，允许时间延长到想法陈述完毕为止。要特别注意的是使用红色思考帽的时长，表达情感时并不需要过多解释，陈述时应简单明了，避免无意义的情绪宣泄。

图 1-7 进一步列明了六顶思考帽的使用原则。

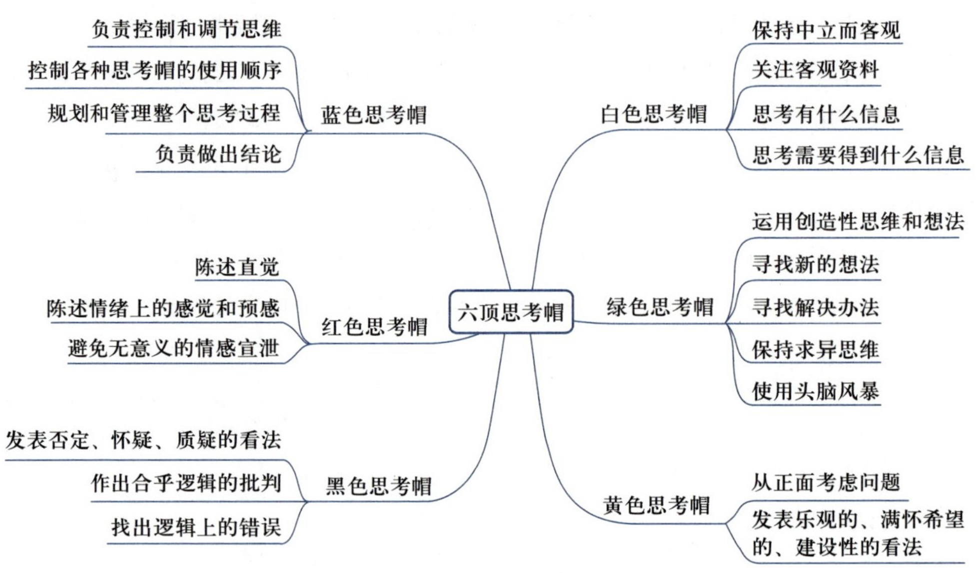

图 1-7　六顶思考帽的使用原则

5．六顶思考帽的应用步骤

在多数团队中，团队成员在思考时会接受团队既定的思维模式，这限制了个人和团队的配合，以致不能有效解决问题。运用六顶思考帽，团队成员不再局限于某一种思维模式，因为不同的思考帽代表的是角色分类，是一种思考方向，而不是代表扮演者本人。六顶思考帽所代表的六种思维方向，几乎涵盖了思维的整个过程，既可以有效地支持个人的行为，也可以支持团体讨论中思想的互相激发。

六顶思考帽在团队中的应用步骤如下：

（1）陈述问题背景和预期成果（蓝色思考帽）。

（2）陈述问题事实（白色思考帽）。

（3）提出解决问题的建议（绿色思考帽）。

（4）评估建议的优缺点：列举优点（黄色思考帽）；列举缺点（黑色思考帽）。

（5）对各项选择方案进行直觉判断（红色思考帽）。

（6）总结陈述，得出方案（蓝色思考帽）。

三、以需求为中心的设计思维

1．设计思维的内涵

设计思维是指从用户（客户）的角度出发，对设计的产品、服务、流程、特定事件等，通过同理心思考、需求定义、创意构思、原型制作、产品测试的流程制定目标或方向，然后寻求实用的、富有创造性的解决方案。其主要目标是站在用户需求或者潜在需求的角度发现问题，解决问题。在设计思维的应用过程中，需要区分设计思维与设计的不同，以及设计思维与商业思维的不同。

（1）设计思维和设计的不同。设计是指把一种计划、规划、设想通过某种形式传达出来的活动过程。而设计思维是一种思维模式，它不仅要考虑设计的产品、服务、流程、战略蓝图，更重要的是以人为本，站在用户的角度实现创新。在整个设计过程中要对用户的需求、环境条件和限制因素给予充分考虑，以创造出更优化的状态。

（2）设计思维和商业思维的不同。商业思维常常利用左脑思维，是以现状和问题为导向的，它经常使用逻辑推理、业务分析来解决问题。设计思维是右脑思维，并且是目标导向的，强调的是创新和未来，专注于挑战现状，研究新的可能性，甚至能解决客户还没有想到的问题。商业思维与设计思维的不同之处如表 1–1 所示。

表 1–1　商业思维与设计思维的不同之处

商业思维	设计思维
重视分析与逻辑	重视创造与可能性
专注于执行和规则 围绕现有的客户需求和挑战来思考	挑战现状 围绕客户的期望思考问题
围绕现有业务的概念设计思维模式	围绕创新业务的概念设计未来业务模式
用实践和常见的观点满足客户的需求	用创新实践和独特观点超越顾客的期望
左脑思维	右脑思维
现状和问题导向	目标导向

自21世纪初以来，设计创新在社会创新领域被广泛应用，带领社会创新者跳出原有的思维框架，以更加系统化的创新方法解决人类社会所面临的紧迫的社会问题，比如大气变暖问题、贫穷国家的发展问题、非营利组织的发展问题等。

2. 设计思维的流程

设计思维分成“同理心思考”“需求定义”“创意构思”“原型制作”“产品测试”五个环节。在同理心思考环节，设计师通过仔细观察、深入访谈、切身体验等方式对用户进行全方位深入了解；在需求定义环节，确定关键问题和设计机会点；在创意构思环节，发散思维，大胆提出各种解决方案；在原型制作环节，将筛选的想法可视化，以相应的模型测试想法的可行性；最后，在产品测试环节将所有元素整合，进行仿真模拟。

(1) 同理心思考。同理心思考是指了解用户的行为与生活脉络，通过与用户各种形式的访谈与互动捕捉重要信息，尝试理解用户的经历与感受。通过同理心思考，才能够感受到用户内心的真正需求，从而才能给出有效解决问题的方案。抓住用户的需求是设计思维的起点，要做好这一点并不困难，它更需要的是态度转变和换位思考。

(2) 需求定义。需求定义是指对于所要研究的问题的探讨，即了解设计所涉及的范围，站在利益相关者的角度，发现问题所在，来定义想要讨论问题的主题或者想要解决的挑战。有时人们会将想要解决的挑战称为讨论的主题。很多时候，找出问题比解决问题更困难，所以需求定义很关键。

(3) 创意构思。创意构思是指在对需求的发掘和问题的清晰定义基础上，站在用户的角度，采取头脑风暴的形式进行创意的激发和方案的筛选优化。这是一个迭代循环的过程，主要步骤包括：收集信息，通过头脑风暴进行创意设计，对创意想法进行分类，对分类进行优化完善，对完善后的分类进行优先级投票等。整个过程先发散思考，创造选项，再汇聚想法，做出选择，最终会诞生一个项目组认可的“最优创意”。

在头脑风暴的发散环节中有三个原则需要注意：第一，自由畅谈，即便看起来有些荒谬，也要大胆想象。第二，禁止批评，包括自我批评，这会阻碍创意的激发和流动。第三，追求数量，产生的创意越多，其中的创造性设想就可能越多。第四，结合改善，即鼓励与会者积极进行智力互补，在提出设想的同时，注意思考如何把两个或者更多的设想结合成一个更完善的设想。

(4) 原型制作。原型制作是指帮助设计者以低成本的方式将想法从创意落实到现实场景中。产品和服务的原型可以是任何样式的实体物品，如一整面贴满便利贴的墙、一场角色扮演的活动、一个模拟场景、一个物品、一个接口或是一面故事墙等。产品和服务的原型的精致程度会随着项目的进展逐步提升，应该将原型快速地打造出来，从原型中快速学习并发掘所有可能发生的状况。

产品和服务的原型可以与设计团队、用户或者其他人互动，通过观察人们与产品和服务的原型之间的互动及采访其体验后的感受，可以挖掘出更深层的同理心，再次了解用户的需求，勾勒出更符合用户需求的解决方案。

（5）产品测试。一个全新的设计、产品、服务，可能会因为各种各样的原因而失败，如外形设计不讨喜，使用操作太复杂，不符合用户的行为习惯或者消费习惯等。人们不仅需要产品的性能可靠，产品的各个部分还要形成一个整体，从而形成良好的使用体验。因此，在原型制作完成后，应邀请多方进行产品的测试，包括设计师、消费者、使用者等，使这个创意设计更好地满足用户需求。

【创新行动】

思维导图训练：自我介绍

行动准备

1. 时间：40 分钟。

2. 参与人员：团队成员。

3. 工具：白纸、彩笔、黑色笔。

行动目标

以“自我介绍”为主题进行思维导图的绘制，呈现出团队成员的基本信息和性格特质，让其他成员留下深刻印象。

行动步骤

1. 绘制“自我介绍”的思维导图。

2. 绘制完成后，用思维导图向团队成员进行自我介绍。

3. 自我介绍完毕之后，投票选出最让人印象深刻的自我介绍。

【训练工具卡】

思维导图训练卡：关于我

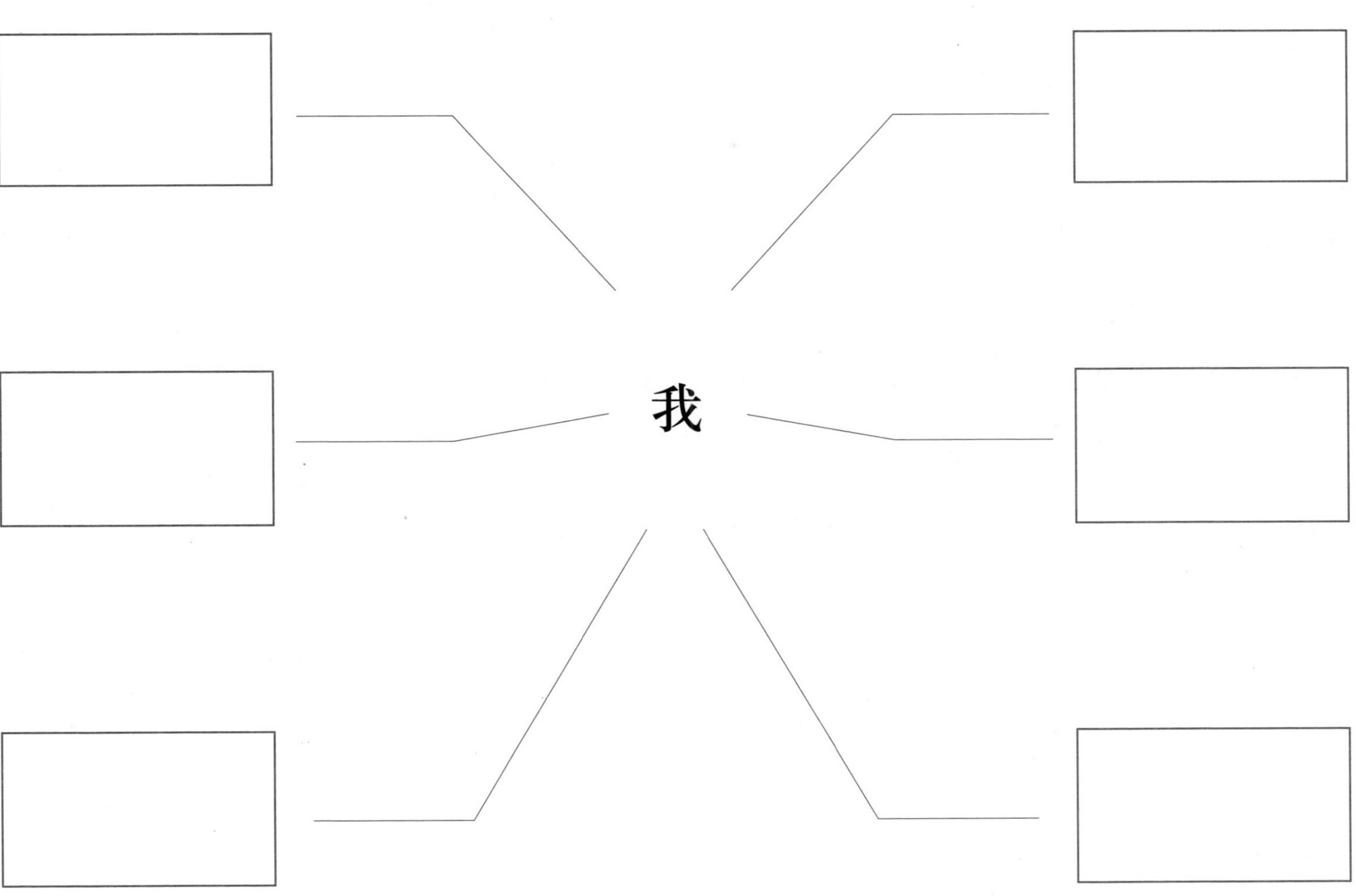

请绘制思维导图展示个人的特点

训练工具卡

【创新行动】

倾听每一种可能性：六顶思考帽

行动准备

1. 时间：50 分钟。

2. 参与人员：团队成员。

3. 工具：大白纸 4 张，白、绿、黑、红、黄、蓝 6 种颜色的便利贴各 1 包，黑色记号笔每人 1 支，胶带 1 卷。

创新行动：六顶思考帽

行动目标

应用六顶思考帽的水平思维方法，进行一场讨论。讨论的主题可以由老师来拟订。

行动步骤

1. 将 4 张大白纸横向拼在一起，上下各 2 张，贴到墙上。

2. 将讨论的问题写到便利贴上，然后贴到 4 张大白纸的中心。

3. 将大白纸从中间辐射分成 6 等份，在每个部分贴上一个不同颜色的便利贴，表示该部分使用的便利贴颜色，并在上面分别标注“白色思考帽”“绿色思考帽”“红色思考帽”“黑色思考帽”“黄色思考帽”“蓝色思考帽”。

4. 在每个团队小组安排一位“引导师”，带领大家讨论。

5. 引导师根据讨论的主题事先安排 6 项帽子的先后顺序。比如，先阐述问题的背景和预期成果（蓝色思考帽），然后收集该主题的相关信息（白色思考帽），提出解决方案的创意（绿色思考帽），再讨论创意的优势（黄色思考帽）、劣势和问题（黑色思考帽），最后从直觉出发，讨论创意的可能性（红色思考帽）。

6. 每项思考帽的讨论时间为 5 分钟左右，按照顺序，让每个成员将自己的观点写在便利贴上（每个便利贴上写一条），然后贴到相应的白纸区域上。

7. 贴完所有便利贴，进行简单的聚类，并且贴上聚类的标签。

8. 完成红色思考帽的讨论后，再戴上蓝色思考帽，对以上结果进行总结。

[illegible]

【训练工具卡】

六项思考帽记录单

蓝色思考帽：先阐述问题的背景和预期成果

白色思考帽：收集该主题的相关信息

绿色思考帽：提出解决方案的创意

黄色思考帽：讨论创意的优势

黑色思考帽：讨论创意的劣势和问题

红色思考帽：从直觉讨论创意的可能性

训练工具卡

【创新行动】

设计思维快速体验：理想的手机

行动准备

1. 时间：40 分钟。

2. 参与人员：团队成员。

3. 工具：白纸、彩笔、黑色笔。

行动目标

利用设计思维的流程，为团队中其他成员设计一个理想中的手机。

行动步骤

1. 各团队成员在纸上画出一个自己理想中的手机。

2. 为团队中其他成员设计实用的、有意义的手机。从换位思考开始，进行第一次访谈，了解团队中其他成员理想中的手机是什么样子的，并做好记录。

3. 进行更深入的发掘，可以思考以下问题，如："为什么他理想中的手机是这个样子的？最关键的因素是什么？"等等，并做好记录。

4. 提炼行动中的发现，例如：

- 其他成员的目标是什么？用动词描述，并做好记录。

- 对于其他成员的情感、动机等方面的新发现。有什么东西是"旁观者清"的？可以根据所收集到的信息进行推测。

5. 从对方的角度考虑（完成填空）：______（对方名字）需要______________（对方的需求）因为（或者"但是"或者"令人吃惊的是"）____________________________________（洞察）。

6. 用草图画出至少 4 种方案，以满足对方的需求。

7. 向对方介绍自己的方案，并听取反馈，做好记录。

8. 回应反馈并提出一个全新的方案。

【训练工具卡】

理想的手机设计流程卡

1. 请在此用草图画出你的创意

2. 第一次访问做的笔记

3. 深度挖掘：第二次访问做的笔记

4. 提炼你所发现的

5. 从对方立场考虑

______________（对方的名字）

需要 ______________________________

因为 ______________________________

6. 用草图画出至少 4 种方案，以满足对方的需求

7. 向对方介绍你的方案，并听取反馈

训练工具卡

德技并修

桥梁体检专家——桥帮主

随着经济的发展，我国桥梁建设进入高速发展期。在桥梁数量和桥梁建设存在大量需求的同时，每年都有大量的桥梁被检查出不同程度的安全隐患，严重影响了人民群众的生命财产安全。传统的桥梁检测手段效率低、成本高、误差大，无法满足高质量检测的需求。

面对此难题，来自某职业院校计算机专业的傅长俅团队历时 3 年研发出一种可替代人工完成桥梁水下检测的智能机器人——“桥帮主”。该机器人由水下机器人和智能传感系统组成。通过将传感器放置在桥梁的水下部位，对水下桥梁结构进行实时监测。此外，采用超声波传感器等检测设备对桥梁内部状况进行实时监测。“桥帮主”不仅可以用于检测桥梁水下结构内部状况，还可以用于桥梁表面缺陷检测和钢筋锈蚀检测。在实际工程应用中，“桥帮主”可对桥梁表面缺陷进行快速识别和定位；对钢筋锈蚀进行精准判断和定量测量，并将测量结果上传至云平台进行数据分析与可视化处理。基于“桥帮主”的远程实时监控平台可以为桥梁管理部门提供实时监控平台，辅助管理部门快速处理突发事件；同时该系统还具有信息保密功能，为桥梁检测和运维人员提供安全保障。

案例思考

如何在传统领域中发现创新点并进行技术创新？

创新之光

北斗卫星导航系统：中国航天的奇迹与创新

自 1994 年北斗一号工程立项以来，经过多代航天人的不懈努力和奋斗，我国已建成独立自主、开放兼容的全球卫星导航系统——北斗三号全球卫星导航系统。这一系统的建成开通，标志着中国北斗从此走上服务全球、造福人类的时代舞台。

在新时代北斗精神的影响下，全体北斗人坚定信心决心，发扬艰苦创业精神和新型举国体制优势，团结一心，攻坚克难，追求卓越。面对技术封锁，他们始终保持理性、严谨的作风，以科学的态度和创新的思维推动北斗卫星导航系统的发展。

北斗一号系统的建成，让我国成为继美国、俄罗斯之后世界上第三个拥有自主卫星导航系统的国家。北斗二号系统建成后，卫星导航服务覆盖我国及亚太地区。而北斗三号全球系统的建成，不仅保障了国家安全和战略利益，还开始向全球提供卫星导航服务。我国北斗人用 26 年的时间走过了国外卫星导航系统 40 年的发展道路，创造了世界卫星导航工程史上的奇迹。

变革创新是推动人类社会向前发展的根本动力。中国北斗的成功发射，是我国航天事业的一次重大突破，也是我国科技创新和国家实力的一次集中展示。中国特色卫星导航系统建设孕育了新时代的北斗精神。

对于北斗人来说，发展北斗卫星导航系统的理念，就是做中国的北斗、世界的北斗、一流的北斗。为此，他们精益求精、大胆创新，不断超越自我，实现了“三个卓越”，即北斗系统工程技术卓越、运行服务卓越、工程实施管理卓越。与其他全球卫星导航系统相比，北斗三号全球卫星导航系统除提供全球定位导航授时服务外，还能提供短报文通信、星基增强、国际搜救、精密单点定位、地基增强等多样化服务，是名副其实的中国“独门绝技”。2035 年前，我国还将建成更加泛在、更加融合、更加智能的国家综合定位导航授时体系，为构建人类命运共同体作出更大贡献。

项目二

打造创新者团队

【学习目标】

素养目标

- 培养创新者的自我认知，树立正确的学习目标
- 树立团队合作中的责任心和使命感
- 培养良好的团队协作与沟通，树立团队合作精神和敬业精神

知识目标

- 了解创新者的概念与角色类型
- 熟悉创新团队的概念与创新团队合作的原则
- 熟悉创新团队愿景与创新团队目标的概念

技能目标

- 能够通过能力目标卡认知个人创新能力
- 能够组建创新团队
- 能够制定团队愿景、原则等提高团队效能的举措

【项目导读】

创新者是开启创新的关键钥匙。同时，拥有积极动力的团队，其创造力也远超一般的团队。本项目将介绍那些能够推动创新的角色类型，通过了解这些角色类型的特质，帮助创新者认知自我，打造创新者团队，并让团队释放出更大的创新潜力。

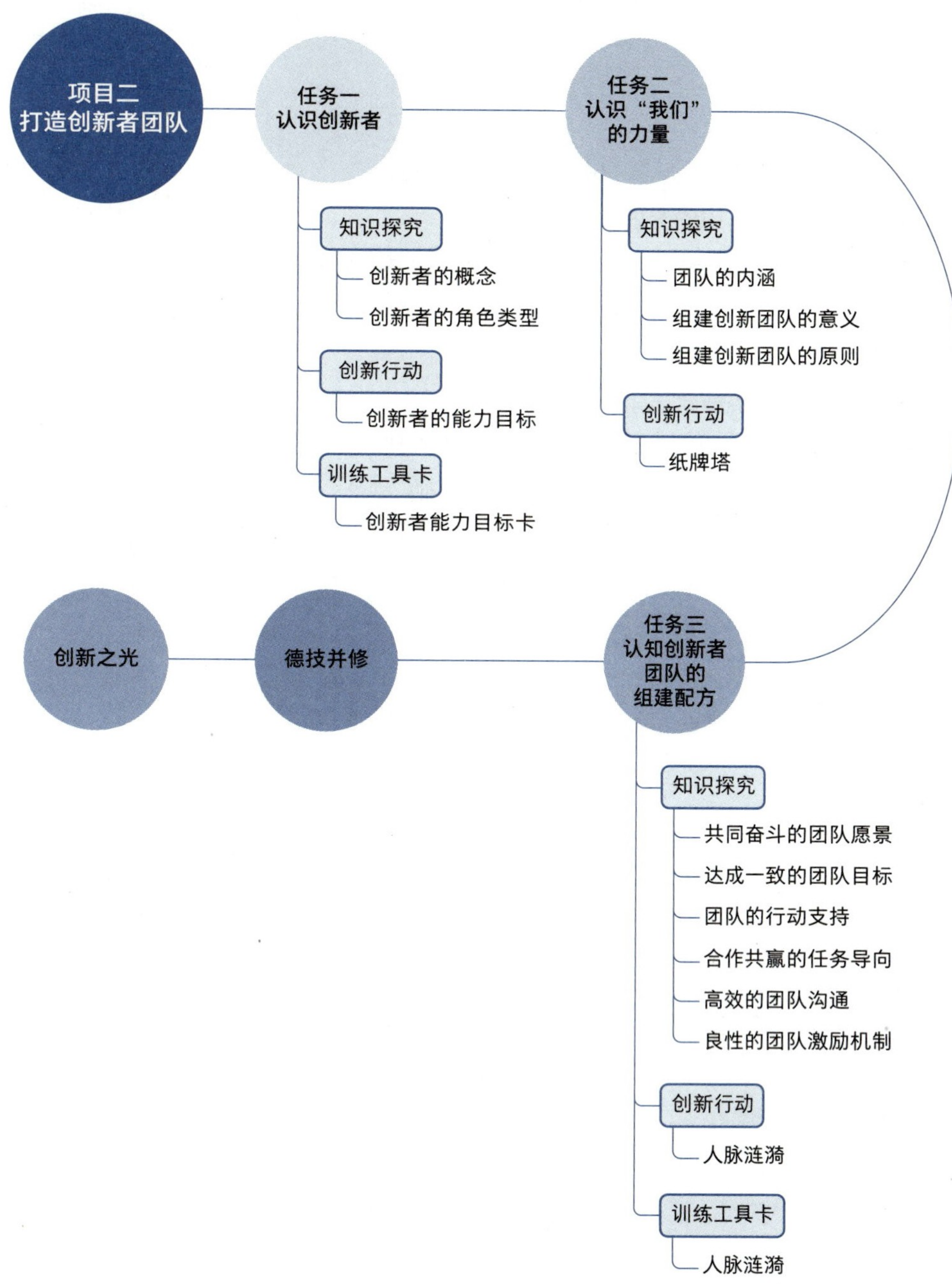

任务一　认识创新者

【新情境】

学校里有一支来自不同学院组成的创客团队，他们发现部分同学有一些不健康的生活习惯，如因作息不规律而迟到、因沉迷游戏而缺乏锻炼等，因此他们决定开发一款智能生活产品，让同学的生活变得更加健康。

为了实现产品的各种硬件功能，在创客团队组建之初，小明在社团里找到了小白，他是一名电子工程专业的学生，拥有丰富的硬件开发经验。他们共同研发出了具有语音控制家电、提醒年轻人锻炼、监测健康状况等功能的智能生活产品。他们邀请了社团里来自艺术设计专业的小美作为这款产品的外观设计师，将美学与实用性相结合，为产品注入了更多的时尚元素。最终，他们将产品命名为“智享”。在这个跨专业的团队中，还有一位来自市场营销专业的同学小露，常常在大家遇到瓶颈时为大家加油鼓劲，还为产品的推广和营销提供了有力的支持。

这个团队中的每个人都发挥着不同的作用，推动着一个创新产品的诞生。小明对团队事务进行统筹规划，小白推动产品研发，小美为产品披上美丽又实用的“外衣”，而小露为产品的故事赋予了灵魂。最终，这个团队合作推出了一款智能生活产品，为年轻人的生活带来了更多的便利。

在上述情境中可以看到，创新者不止一种类型。一个创新产品的诞生，离不开团队中所有的创新者。那么，究竟谁是创新者？怎样才能成为创新者？创新者需要具备哪些特征？本任务将通过探究创新者的特质来认识创新者。

【知识探究】

一、创新者的概念

人们通常所说的创新者，往往是富有远见和创意，并能够将天马行空的想法变为现实的人。他们不满足于现状，不畏惧挑战，不墨守成规。他们就像一群探险家，穿越未知的领域，用智慧和勇气，为世界带来全新的色彩。

创新者对世界充满了好奇和探索的欲望，他们不满足于日复一日的工作，而是追求更深层次的创新和突破。创新者不害怕失败，每一次的失败都是他们前进的动力。创新者懂得如何从错误中学习，从失败中汲取经验，进而不断探索未知的领域。

创新者的思维开阔，不受传统观念的束缚，能够看到别人看不到的事物，能够理解别人理解不了的思想。创新者的想象力和创造力让他们能够在平凡中发现不平凡，能够在普通中找到不普通。

创新者行动果断，敢于冒险；不怕困难，不怕挑战，不怕未知。创新者坚信，只有通过实践才能将想法变为现实。创新者愿意承受风险，愿意面对困难，愿意接受挑战；他们的行动是其思想的体现，也是其想法的展示。

创新者是积极主动，充满干劲，非常注重实践的人，他们往往善于找到新点子，乐于进行新试验，不断推进设想的实现。这些拥有不羁创意的先锋者、学者、科学家、企业家们，并不是孤立地存在，他们甚至可以通过跨越世代的合作，不断创造出科技与人文融合的奇迹，进行协作创新，从而实现创造性的飞跃。

二、创新者的角色类型

本书为创新赋予了人性化的"面孔"并归纳出 10 种创新者的角色类型，这些创新者的角色类型代表了那些在组织内部积极推进创新的团队或个人。每种角色类型都有其特有的方法、技巧和观点。创新者不一定是能力最强的人，但只要投入智慧和精力，运用适当的工作方法，每个人都能产生巨大的创新能量。

1. 人类学家

人类学家具备深厚的社会学背景，他们通常拥有认知心理学、语言学或人类学等相关学科的高级学位。然而，更重要的是他们能够始终保持初学者的心态，擅长利用自己的感知能力，对事物充满好奇，时刻保持惊喜之心。他们的大脑中总是装有"问题清单"和"创意笔记"，能够突破思维定式，从看似无用的信息中挖掘出宝贵的启示。

他们善于提出具体而深入的问题，他们也精于观察，能够发现解决问题的关键所在。他们阅历广泛，知识体系庞杂，热衷于尝试各种可能性，寻求各种帮助。在创新的过程中，他们注重实践检验，避免经验主义、泛泛考察和闭门造车等不可靠的做法。

2. 实验师

实验师是创新过程中常见的角色之一，他们具备将抽象概念转化为实际操作的能力。实验师追求的是"快速实现创意的想法"，即以最快的速度完成从概念形成到语言描述，再到草图和模型的设计，最终实现产品上市和推广的过程。实验师擅长亲身体验，能够迅速设计出基本模型，并快速响应各种需求和变化。他们擅长构建不断学习的框架，以推动个人和团队的学习和发展。对于实验师来说，手段并不重要，最重要的是尽快将创意想法转化为具有实际应用价值的可见实物。

3. 嫁接员

嫁接员具备严谨的思维方式，能够迅速发现事物之间的关联性。他们时刻保持着孩童般的观察能力，善于通过逆向学习的方式进行跨学科、跨部门的创新。嫁接员在某种程度上融合了人类学家和实验师等角色的特点，进而成为了一个独特的角色。例如，一项医疗科技产品——防摔倒皮带，就是将轿车工业的防撞气囊设计应用于医疗领域，当老人摔倒时，皮带会自动弹出气囊以保护其头部。该产品能够将不同领域的产品设计进行重新组合并形成新产品，正是得益于嫁接员的努力。他们来自多元化的群体，彼此之间经常进行交流与展示、头脑风暴以及逆向学习等活动。

4．跨栏高手

跨栏高手常常以不屈不挠的精神，欣然面对各种挑战，跨越各种障碍。他们勇往直前，洞悉人性，不因循守旧，不受制于既定规则。在紧要关头，他们往往能保持冷静，力挽狂澜。他们具有灵活性，同时也具有野心和想象力。在他们身上，可以看到一种不畏困难，不轻易放弃的精神，无论是 1% 的可能性还是 99% 的可能性，都会奋力一搏。团队中不能缺少这样的人，否则团队的成就将局限于舒适区，无法实现更大的突破。

5．合作者

合作者通常能够展示出积极主动的态度，他们能够超越部门和机构的限制，致力于让团队实现共同的目标。他们在团队中占据核心地位，发挥关键作用。合作伙伴能够有效地团结机构内部持怀疑态度的人，耐心倾听反对的声音，并设法将反对者转化为支持者。合作者可以被视为创新过程中的中流砥柱，他们具有很高的情商和丰富的经验，他们的存在能够使团队团结一致，而缺少他们则可能导致团队内部各自为战，甚至彼此疏远。

6．用户体验设计师

用户体验设计师通过实地调研，能够灵活调整策略，打破传统束缚，从而战胜竞争对手，并获得卓越成果。优秀的用户体验设计师通过他们所设计的产品、服务、办公空间和活动，为用户创造了良好的体验，赢得了用户的信任。这些设计旨在让产品从平庸的商品和服务中脱颖而出，并调动用户的触觉、味觉、听觉和嗅觉等感官，为用户创造出独特的感受。

7．导演

导演指的是在创新活动中负责组织工作的一类人，他们具有以下特征：① 将中心舞台留给他人；② 不断寻找新的项目；③ 喜欢接受挑战；④ 设定高远目标；⑤ 善于随机应变。导演需要具备统筹安排的能力，对大部分事务都需要进行调度思考，合理配置。导演肩负着生产更优质的产品、提供更高效的服务，以及改变人们的行为和态度的重任。

8．布景师

布景师是指负责为团队创造良好的舞台和环境的专业人员，其职责在于提升团队士气、吸引优秀人才、并提高工作质量。如今，现代工作环境的重要性日益凸显，因此布景师需要提供一种开放而舒适的工作环境，同时也要营造一种宾至如归的氛围，让团队成员能够轻松思考并专注于工作。布景师并不仅仅是指某一特定人群，每个人都可以成为自己的布景师，通过美化自己的办公环境来让自己心情愉悦、精神焕发地高效工作。

9．关怀者

关怀者是指具备关怀意识的人，他们能够真诚地为客户提供帮助，努力成为客户的护航者和导师。这类角色是大多数团队所缺乏的。他们具备对细节的把控能力，这来自他们的专业素养和知识储备；同时他们也在心理学方面有所造诣，能够与他人建立良好的沟通连接，并赢得他人的信任。此外，他们还能够指导他人的下一步行动。

10．讲故事的人

掌握如何讲述真实且具有说服力的故事，是一种技巧。因此，团队也需要能讲好故事的人。优秀的团队应该以真实的故事来塑造自身形象，这不仅能提升团队品质，还能丰富团队内涵。要讲好一个故事，关键在于倾听，并耐心地记录下听过的故事，挖掘更深层次的意义和内涵。除了口头叙述，还可以通过书面文字（包括杂志、报告文件等），以及视频等形式来讲故事。通过讲故事，可以更有效地传达信息，从而达到更好的传播效果。

这是一个属于创新者、需要创新者的新时代，也是一个创新者能脱颖而出的新时代。建设创新型国家，需要千千万万个创新者，以创新合力汇聚成一个前所未有的创新国度。时代需要创新精神，也需要合作力量，创新团队中的创新者们应认清自己的角色定位，发挥个人特长，为团队取得成就作出自己的贡献，以更好的姿态“走前人没有走过的路”。

【数字新时代】

区块链技术赋能智能家居设备

在现代家庭中，年轻人通常会使用各种智能家居设备，如智能灯、智能门锁和智能音响等。这些智能家居设备可以通过手机应用程序进行远程控制和管理，为人们的日常生活带来了很多便利。然而，智能家居设备也面临着一定的安全风险，让用户体验大幅下降。例如，智能门锁可能会受到黑客攻击，从而导致门锁功能失效，甚至允许未经授权的人员进入家中。同样，智能音响也可能会被黑客入侵，导致个人信息的泄露。于是，某创新团队的用户体验设计师通过实地调研，并与团队中的实验师和嫁接员合作，提出了解决方案——利用区块链技术赋能智能家居设备。

区块链技术多应用于金融服务、贸易管理、物联网等场景，在智能家居设备中的应用还比较少。在实验师和嫁接员的努力下，区块链技术为智能家居设备提供了更强大的安全性。通过设置一个区块链节点，将所有智能家居设备的数据存储在区块链上，智能家居设备间的通信和数据共享都可以通过区块链进行加密和验证，确保数据的安全性和可信度。

例如，当业主通过手机应用程序控制智能门锁时，他的指令会被加密并发送至区块链节点。智能门锁将从区块链上获取指令并进行验证。只有当指令合法时，智能门锁才会执行开锁操作。即使黑客攻击了智能门锁，也无法通过区块链的验证，从而确保了家庭财产的安全。

同样，当业主通过智能音响播放音乐时，音乐数据也会通过区块链进行加密和验证。只有当音乐数据合法时，才能被智能音响播放。这样，黑客就无法窃取业主的个人信息。

通过区块链技术的保护，智能家居设备变得更加安全可靠，用户可以放心享受智能家居设备带来的便捷与舒适。

【创新行动】

创新者的能力目标

创新行动：创新者的能力目标

行动准备

1. 时间：20 分钟。

2. 参与人员：团队成员。

3. 工具：白纸、笔、便利贴。

行动目标

根据不同的能力，创新者可被分为不同的类型。在本行动中，请各团队成员试分析自己具有哪种创新者的能力，或者在哪个方面还有所欠缺？可以用创新者能力目标卡写下未来成长的努力方向。

可以设置一个或多个目标，在未来的学习中，通过各种训练增强自己的创新能力。

行动步骤

1. 各团队成员对照“创新的十种角色类型”，判断自己属于哪种创新角色，用便利贴写下来并贴在创新者能力目标卡“我的创新角色”框内。

2. 对照自己的能力特点，看自己还缺少哪些目标能力，用便利贴写下来并贴在“我的成长目标”中。

3. 团队成员之间可以相互确认彼此属于哪种角色类型，又有哪些优势可以互补。

【训练工具卡】

创新者能力目标卡

我的创新者角色

我的成长目标

训练工具卡

任务二　认识“我们”的力量

【新情境】

某企业需要开发一种新型的太阳能电池板，以提高效率和降低成本。在开发过程中，团队中各成员都各司其职。工程师们进行了大量的研究和实验，以确定合适的材料和设计方案。设计师们负责将这些方案转化为实际的产品，并进行测试和改进。市场营销人员负责研究市场的需求和竞争情况，以确定合理的定价和销售策略。财务专家负责监督项目的预算和成本，以确保项目的可行性和盈利性。得益于整个团队的协作和合作，这个项目最终取得了成功，其中每个人都发挥了自己的专业知识和技能，为项目的成功做出了贡献。

在创新过程中，“我们”意味着一个团队、一个集体的智慧。众多想法交织在一起，往往会带来无限的惊喜，“我们”的力量是无比强大的。本任务将介绍团队的内涵以及团队合作过程中应该遵循的原则。

【知识探究】

微课：团队的力量

一、团队的内涵

团队是指由两人或两人以上组成的，旨在协同工作以实现共同目标的工作小组。团队成员之间存在相互依存的关系，共同承担任务和责任，通过协作与合作的方式来实现团队目标。为了确保团队的高效运作，团队成员之间必须建立相互信任、尊重和支持的关系，共同解决问题和应对挑战。团队能取得的成就取决于团队成员之间的协作和合作水平，以及团队领导者的管理和指导能力。

在组建创新团队时，需要先了解每个团队成员的强项，以及他们对目标的投入程度。通过设计一系列团队建设活动可以帮助团队成员更好地了解彼此，从而更好地实现共同的目标。团队可以是临时组建的，也可以是长期存在的；可以是同一部门的，也可以是跨部门的。团队的规模和形式可以根据不同的任务和目标进行调整和变化。

二、组建创新团队的意义

组建创新团队不仅可以推动企业或组织的发展，还可以提高整个团队的创新能力。其意义主要体现在：

1．合作创新

团队的合作创新能够融合多人的智慧和技能，促进多元化思维和协同创新，从而产生更优秀的创新成果。

2．互补增效

团队成员通常具备不同的专业特长和知识背景，可以相互补充、相互促进，实现更全面、更深入的创新。

3．分工协作

根据团队成员的专业特长和兴趣爱好，进行合理的任务分工和协作，使团队能够高效地达成目标和任务，从而提高创新的质量和效率。

4．信息共享

团队成员之间可以共享各自的知识和经验，深化对问题的理解和认识，同时也能学习借鉴其他成员的知识和经验，推动创新的持续发展。

5．竞争优势

通过团队合作的方式，可以综合多方面的能力和资源，形成团队独特的竞争优势，取得更好的创新成果。

三、组建创新团队的原则

组建创新团队的原则是指为了有效地实现创新目标，在组建创新团队时应该遵循的一系列指导原则。这些原则具体包括：

1．多元化原则

团队成员的背景、专业、性格等应该尽量多元化，避免受到思维方式单一的不利影响，从而增强团队的创新能力。

2．相互信任原则

团队成员之间应该建立相互信任的关系，避免出现内部矛盾和争吵，从而保证团队的协作效率。

3．公平公正原则

团队的管理应该公平公正，避免因个人喜好或偏见而导致不公平的待遇，从而激励团队成员积极参与创新工作。

4．奖励激励原则

团队应该设计合理的奖励制度，激励团队成员创新、协作，促进团队共同发展。

5．充分沟通原则

团队成员之间应该建立良好的沟通机制，就创新过程中的想法、进展和困难进行及时沟通，避免信息不对称和误解，从而提高团队的工作效率。

6．学习与分享原则

鼓励团队成员在工作中不断学习和成长，及时分享创新经验和优秀案例，共同推动团队的发展和成长。

7．持续改进原则

团队应该不断审视自身的工作和创新成果，找出不足和问题，并持续进行改进和完善，从而提高团队的整体水平和竞争力。

【创新行动】

纸 牌 塔

行动准备

1. 时间:20~30 分钟。

2. 参与人员:团队成员。

3. 工具:纸牌。

行动目标

在这个活动中,团队成员需要在有限的时间内进行充分的讨论和协作,同时需要运用创新思维来解决问题。此外,这个活动还鼓励各团队成员发挥个人才能,同时学习如何在团队中相互协作和支持。

行动步骤

1. 全体团队成员分成若干个小组,每个小组应该由 3~5 人组成。每个小组需要一定数量的纸牌,这些纸牌可以是相同大小和形状的标准纸牌,也可以是不同大小和形状的不同类型的纸牌。

2. 给每个小组提供相同数量的纸牌,小组成员需要在规定的时间内建造一座尽可能高的纸牌塔。

3. 提醒小组成员,需要在行动前充分讨论并制定计划,而不是独自行动。

4. 在 15~20 分钟的时间内完成纸牌塔的建造。在这个过程中,教师可以提供建议或启示,以鼓励学生更深入地思考和协作。

5. 当规定时间到达时,停止所有建造工作并测量每个团队建造的纸牌塔的高度。

6. 根据纸牌塔的搭建成果评估每个小组的团队协作能力,并总结出这个活动带来的启示。

任务三 认知创新者团队的组建配方

【新情境】

在工程实验室里,有一支由五个人组成的团队,他们的任务是在两周内完成一个复杂的机器人项目。这个项目涉及机械、电子、软件等多个领域的知识,因此团队成员之间需要密切合作，这样才能完成任务。

在项目开始之前，团队成员进行了详细的讨论和规划，确定了每个人的任务和责任。他们每天都会在固定的时间进行短暂的会议，讨论任务进展情况，交流遇到的问题和解决方案，以确保每个人都了解整个团队的任务进展情况。在项目推进过程中，团队成员之间密切合作，互相帮助，共同攻克了许多技术难题。例如，当机械部分出现问题时，负责电子和软件部分的团队成员会主动提供帮助和建议，共同解决问题；同样，当电子部分出现问题时，负责机械和软件部分的团队成员也会主动提供帮助和建议。这种高效的团队合作方式不仅提高了效率，还带来了许多意想不到的成果。最终，团队顺利地完成了机器人项目，展现了团队协作的力量。这个项目不仅让团队成员之间建立了更紧密的联系，还让他们在实践中学到了许多宝贵的经验和技能。

一个高效的团队能够让创新效率得到极大提升，也能够在项目推进过程中收获许多意想不到的成果。本任务将介绍创新团队的组建配方，包括共同奋斗的团队愿景、达成一致的共同目标、团队的行动支持、合作共赢的任务导向、高效的团队沟通，以及良性的团队激励机制。

【知识探究】

一、共同奋斗的团队愿景

当团队拥有共同的愿景且所有团队成员均承诺为此而奋斗时，该团队会变得更有战斗力。团队愿景是指鼓舞人心、具有挑战性并能够激发奋斗激情的共同信念，这个愿景将团队成员的力量和资源集中在同一个方向上，促进团队的不断发展。一个良好的团队愿景应该具有以下几个特点：

1．激励性

团队成员应该被团队愿景所激励，团队愿景应该让他们产生激情和热情，让他们为实现团队愿景而不断努力。

2．共同性

团队愿景应该是一个共同的目标，让每个团队成员都感到自己是团队的一部分，在为团队实现目标而奋斗，有共同的使命感和归属感。

3．挑战性

团队愿景应该是有挑战性的，让每个团队成员都感到自己正在参与一个值得奋斗的事业，有成就感和自豪感。

4．可测量性

团队愿景应该是可测量的，可以通过具体的指标或成果来衡量实现的程度和进展。

5．方向性

团队愿景应该具有方向性，让每个团队成员都清楚地知道应该朝着什么方向努力，如何实现目标。

团队愿景是团队管理的基础，是一个团队长期发展的动力源泉，只有确立一个合适的团队愿景，才能让团队朝着正确的方向前进，直至取得成功。

二、达成一致的团队目标

团队目标是指为了实现团队愿景而制定的具体、可量化的短期和长期目标。它们应该是可行的、可衡量的、具有挑战性的，并且应该与团队成员的个人目标相一致。一个明确的团队目标可以帮助团队成员更好地明确自己的方向，以及明确为实现目标所需要的资源和行动计划。同时，团队目标也可以激励团队成员持续进步、提高绩效，从而实现团队的长期发展。

团队的目标只能由整个团队的全体成员共同实现，而非借助单个成员的力量。创新团队不提倡单独行动，团队成员应协作共赢。越是复杂的问题，越需要团队成员之间相互分享技能。团队成员共同克服挑战是实现共同目标的关键。

在制定团队目标时，需要注意以下几点：

1．明确性

团队目标必须是清晰明确、具体且可衡量的。这样可以使团队成员更好地了解他们正在追求的目标，并能够量化成果。

2．挑战性

团队目标应该是有一定挑战性的，可以激发团队成员的动力和积极性。但是，团队目标不能过于超出团队成员的能力范围，否则可能会降低团队成员的信心和积极性。

3．实现可行性

团队目标必须是可实现的，并且应该符合团队的资源和能力。如果团队目标无法实现，会让团队成员感到失望和沮丧。

4．与愿景和战略相一致性

团队目标必须与团队的愿景和战略相一致。这样可以确保团队的努力方向与项目整体的发展方向相一致，使团队成员更加认同团队的愿景和目标。

5．有时限性

团队目标必须有明确的完成期限，这样可以激发团队成员的紧迫感和执行力。

三、团队的行动支持

团队的行动支持是指团队成员在实现团队目标的过程中所需要的资源、工具、培训和反馈等方面的支持。它可以帮助团队成员更好地完成工作任务，提高其工作效率，同时还可以增强团队成员的信心和动力。团队的行动支持的原则包括：

1．清晰的目标和职责分配

确保每个团队成员都知道他们的工作职责以及如何为实现团队目标作出贡献。

2．共享信息和资源

团队成员需要充分了解彼此的工作，需要及时共享信息，以便更好地协作。同时，团队需要共享资源，如技能、工具和设备，以支持团队成员的工作。

3．相互信任和尊重

团队成员之间需要建立相互信任和尊重的关系，可以通过支持开放的团队沟通、鼓励不同意见的表达，以及认可团队成员的贡献等方法来实现。

4．精益求精和不断改进

团队成员应该不断寻求改进，尝试新的方法和技术，以提高工作效率和质量。

5．反馈和奖励机制

反馈和奖励机制可以帮助团队成员知道他们的工作表现如何，并鼓励他们取得更好的成果。反馈和奖励机制包括定期的绩效评估和奖励计划。

四、合作共赢的任务导向

以合作共赢为特征的任务导向产生于共同的、更高层次的愿景，而对于愿景的共同关注又促进和要求各个成员具有较高的绩效，并推动团队成员之间相互鼓励、相互监督及提供建设性的意见。

合作共赢的任务导向是指团队成员共同朝向同一个目标或任务方向努力，形成协同合作的氛围，以实现任务的高效完成。它包括团队成员对任务目标的理解和认同，以及对每个成员在任务中的角色和责任的明确分工。共同的任务导向可以帮助团队成员形成紧密的协作关系，增强彼此之间的信任和合作，提高团队的工作效率和任务的完成率。

合作共赢的任务导向的原则包括：

1．明确任务目标

明确任务的具体目标和可衡量的结果，可以让团队成员明确自己的工作和职责。

2．开放沟通

鼓励团队成员之间开放沟通，分享想法、反馈和建议，避免出现信息孤岛和冲突。

3．尊重多样性

尊重团队成员的背景、文化、经验和技能，善于发掘每个人的长处，为团队提供多元化的思路和创新性的解决方案。

4．鼓励协作

鼓励团队成员之间的合作和互助，强化团队意识和归属感，让每个人都感到自己是团队的一份子。

5. 奖惩分明

建立明确的奖惩制度，鼓励团队成员为实现任务目标作出贡献，同时也要对违反规则和影响团队效果的行为进行惩罚。

6. 不断改进

不断总结经验教训，发现团队工作中的问题和瓶颈时，应及时调整团队的工作方式和方法，提高团队效能。

五、高效的团队沟通

高效的团队沟通是指团队成员之间可以高效、准确、清晰地交流信息和想法，达成共识并协同工作的一种沟通模式。这种沟通模式不仅可以减少信息传递过程中的误解和失误，还可以提高工作效率和成果质量，同时增强团队成员之间的信任和合作关系。高效的团队沟通还应该注重团队成员的参与和反馈，充分发挥每个成员的优势，从而实现协同创新和共同进步的目标。

高效的团队沟通的原则包括：

1. 保持信息透明度

团队成员应该保持信息的透明度，共享项目的目标和细节。

2. 确定角色和责任

团队成员需要了解自己的角色和责任，以便在项目中发挥最大作用。

3. 明确目标和时间表

团队需要确保目标和时间表得到明确定义，以便所有成员都知道他们正在为什么工作，以及何时需要完成任务。

4. 尊重彼此的时间

团队成员需要尊重彼此的时间，并尽可能减少非必要的会议和其他通信的数量。

5. 倾听和表达

团队成员需要学会倾听和表达，以便有效地沟通，并尽可能减少误解和冲突。

6. 鼓励反馈

团队成员应该通过互相鼓励的方式给出和接受来自其他团队成员的反馈，以便能够在项目过程中及时进行改进。

7. 使用适当的工具

团队应该使用适当的工具来促进高效的沟通和协作，如在线项目管理工具和即时通信软件。

8. 定期组织会议

定期组织会议可以让团队成员进行交流和沟通，确保每个人都了解整个团队的工作进展和问题。

9．确定有效的沟通渠道

为了方便团队成员的沟通，可以使用（电子）邮件、即时通信软件、电话等多种渠道，确保信息能够准确、快速传达到位并及时解决问题。

10．建立良好的沟通氛围

团队成员之间应该彼此尊重，积极沟通，避免恶意批评和指责，以建立良好的沟通氛围。

六、良性的团队激励机制

良性的团队激励机制是指通过一定的方式和措施来激发团队成员的积极性和创造性，使其更加投入工作，更加专注于团队的共同目标。良性的团队激励原则包括：

1．公平性原则

确保激励措施的公平、透明和可衡量，让每个人都能够公平、公正地受益。

2．个性化原则

考虑个体差异性和个人价值观的不同，因人而异地制定激励措施，以达到更好的激励效果。

3．参与性原则

让团队成员参与到激励方案的制定中，鼓励他们分享自己的想法和建议，以增强他们对团队目标的投入感。

4．可持续性原则

确保激励措施可以持续地支持团队成员的工作动力和积极性，而不是短暂的、过渡的或者无意义的奖励。

5．多元化原则

提供多种激励方式，如物质激励、精神激励、社交激励等，以满足团队成员不同的需求。

6．反馈原则

及时向团队成员提供反馈和认可，让他们知道自己的工作得到了重视和肯定。

这些原则可以根据团队的实际情况和需要进行调整和定制。

一个良好的团队可以让每个团队成员都在团队中找到安全感和归属感。每个团队成员都有自己的角色，他们通过“扮演”这些角色，变得与众不同。

创新行动：人脉涟漪

【创新行动】

人 脉 涟 漪

行动准备

1. 时间：20 分钟。

2. 参与人员：团队成员。

3. 工具：白纸、笔、便利贴。

行动目标

鼓励团队成员分享自己独特的技能，并确定还需要哪些技能来实现目标，同时可以尝试利用共享人脉来打造团队，确定团队成员知道谁拥有团队中所需的技能。

行动步骤

1. 列举能力与成就。请每位团队成员在第一张纸上列出他们能够解决团队所面临的挑战的技能、才干以及个人偏好。

2. 分享技能。请每位团队成员展示并分享他们的成果，记录下他们分享的内容（可选择拍照的方式来记录），尤其是当团队在未来需要继续纳入新成员时。

3. 评估技能和需求。在所有团队成员的分享结束之后，整个团队一起讨论分享的内容，并列出一张清单，罗列所有团队成员的技能，以及解决问题仍需要的其他技能；将清单贴在团队会议醒目的地方，显示团队成员的技能持有情况。

4. 共享人脉。每个团队再拿出一张新的大白纸，在顶端写下将要尝试挑战解决的问题，然后在中央画上一个圈，并在里面写上团队成员的名字。

5. 确定值得信赖的人。要求每个团队在第一个圈的外围写上他们可以优先寻求帮助的人名，可以是信任的朋友或家人，然后在这些名字外围画第二个圈。

6. 确定其他人脉。假设第一个圈中的人由于某些原因无法提供帮助，请每个团队在第二个圈外围写上他们可以寻求帮助的人名，在这些人名外围画第三个圈。紧接着，每个团队重新审视他们最初的问题与他们的社交网络。

7. 挑选观察或访谈的对象。请团队成员用星星标记出那些较愿意讨论问题的人，写下在谈话过程中所希望了解的内容。在所有团队成员都做完之后，将涟漪表贴在墙上，展示给所有人看。

【训练工具卡】

人 脉 涟 漪

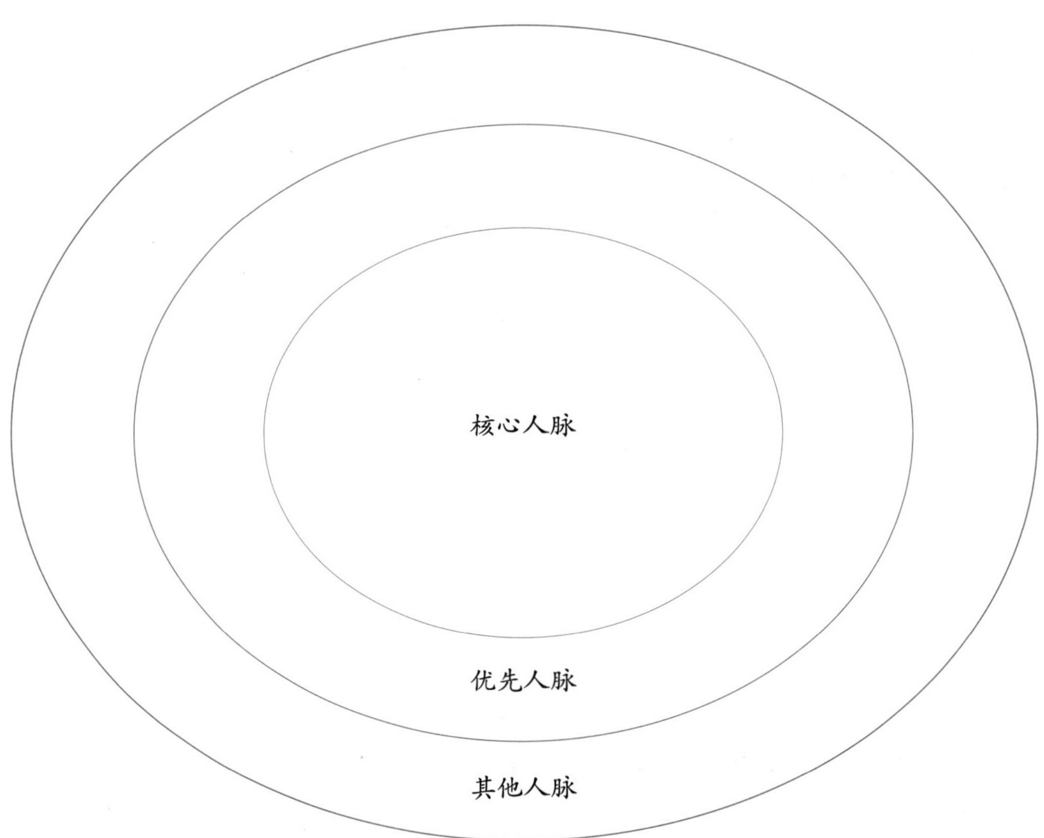

训练工具卡

德技并修

以声学预测　提升工业价值

徐萌萌是某职业技术大学精细化工技术专业的学生。在实习期间，她参与了某企业的销售工作，负责向电厂推广人工听诊棒。在走访电厂的过程中，她发现人工听诊无法准确预测故障，并且检测故障的效率和准确度都较低。这一发现激发了她的创新灵感，她决定利用声波来诊断机电设备，并开发一款工业设备智能诊断系统，以实现预测性维修的声波智能检测。

为了实现这一目标，徐萌萌首先进行了市场调研，并着手设计一款工业设备智能诊断维修系统。在设备研发初期，她解决了初代产品的技术路线问题。在完成设备的初代研发后，徐萌萌进入创新创业学院修读相关拓展专业，并着手招募团队。在创业导师和技术专家团队的指导下，其团队吸纳了数名来自材料、经管等专业的成员，项目进程突飞猛进。不久之后，“工业设备声波智能诊断并实现预测性维修系统”的想法成为了现实。

团队研发的这个系统的原理是先通过声学传感器和陀螺仪对声波进行定向采集，快速解析特征声谱，再将数据上传到云服务器中，进行大数据比对和多元信息融合处理，最后利用神经网络模拟深度学习，进行人工智能诊断，以实现预测性检修的目的。同时，通过其团队研发的后台软件，可以对诊断过程进行实时监控和记录。后期，请有经验的工人对预测性诊断结果进行复查和重点标注，以实现双重保障。

徐萌萌的创业历程展现了其领导能力、经济头脑和商业敏感性，展现了当代青年创业者的风采和担当。

案例思考

1. 从上述案例中能够看到哪些创新者特质？

2. 案例中的团队组建遵循了哪些原则？

创新之光

中国天眼：创新驱动发展，探索宇宙奥秘

“中国天眼”是一项令人惊叹的工程，这一具有世界领先水平的射电望远镜不仅是中国天文学家的骄傲，也是全人类的瑰宝。该工程由我国天文学家在1994年提出构想，经过长达22年的不懈努力，终于于2006年建成。

“中国天眼”工程主要由主动反射面系统、馈源支撑系统、测量与控制系统、接收机与终端及观测基地等几大部分构成。其中，主动反射面是由上万根钢索和4 450个反射单元组成的球冠型索膜结构，外形犹如一口巨大的锅，接收面积相当于30个标准足球场。这种独特的结构使得望远镜能够更加精准地捕捉到来自宇宙深处的微弱信号。

与曾号称“地面最大的机器”的德国波恩100米望远镜相比，“中国天眼”的灵敏度提高了约10倍。这意味着，即使在非常恶劣的天气条件下，“中国天眼”也能够捕捉到更加清晰、准确的宇宙信号。此外，与另一个著名设备美国阿雷西博305米望远镜相比，“中国天眼”的综合性能提高了约10倍，并将在未来10～20年内保持国际一流设备的领先地位。

“中国天眼”的成功建设为世界天文学的新发现提供了重要机遇。其巨大的单口径和灵敏度使得科学家们能够更加深入地探索宇宙的奥秘，发现更多未知的天体和现象。

正如习近平总书记所说：“抓创新就是抓发展，谋创新就是谋未来。”他经常勉励广大青年一定要勇于创新，他说，青年是社会上最富活力、最具创造性的群体，理应走在创新创造前列。在这个创新驱动发展的时代，新时代的青年要积极投身科技创新事业，要用创新思维去应对、解决前进路上的新情况、新问题。为实现中华民族伟大复兴的中国梦贡献自己的力量。

项目三

定位创新坐标

【学习目标】

素养目标

- 树立社会责任感,感知真实世界中有意义的问题
- 树立从多个角度去理解问题的求知精神

知识目标

- 了解可持续发展的概念与目标
- 熟悉问题的内涵与挖掘原则
- 掌握理解创新主题的方法

技能目标

- 能够使用可持续发展金字塔推理目标
- 能够识别问题的价值
- 能够将问题转化为目标

【项目导读】

在创新过程中，具备准确识别问题和创造性地解决问题的能力是至关重要的。因此，定位创新坐标，设定合适的主题成为了创新的关键所在。在这里，“主题”被定义为有待解决的问题和期望实现的目标。一个恰当的主题能够使整个创新行动变得更为明确和有条理，同时也能够使试验结果更具成效。本项目将重点探讨三个任务：如何通过认识可持续发展的目标来设立与生活息息相关的创新问题，如何识别“真实”问题，以及如何依照有逻辑的方法来理解并构思创新的主题。

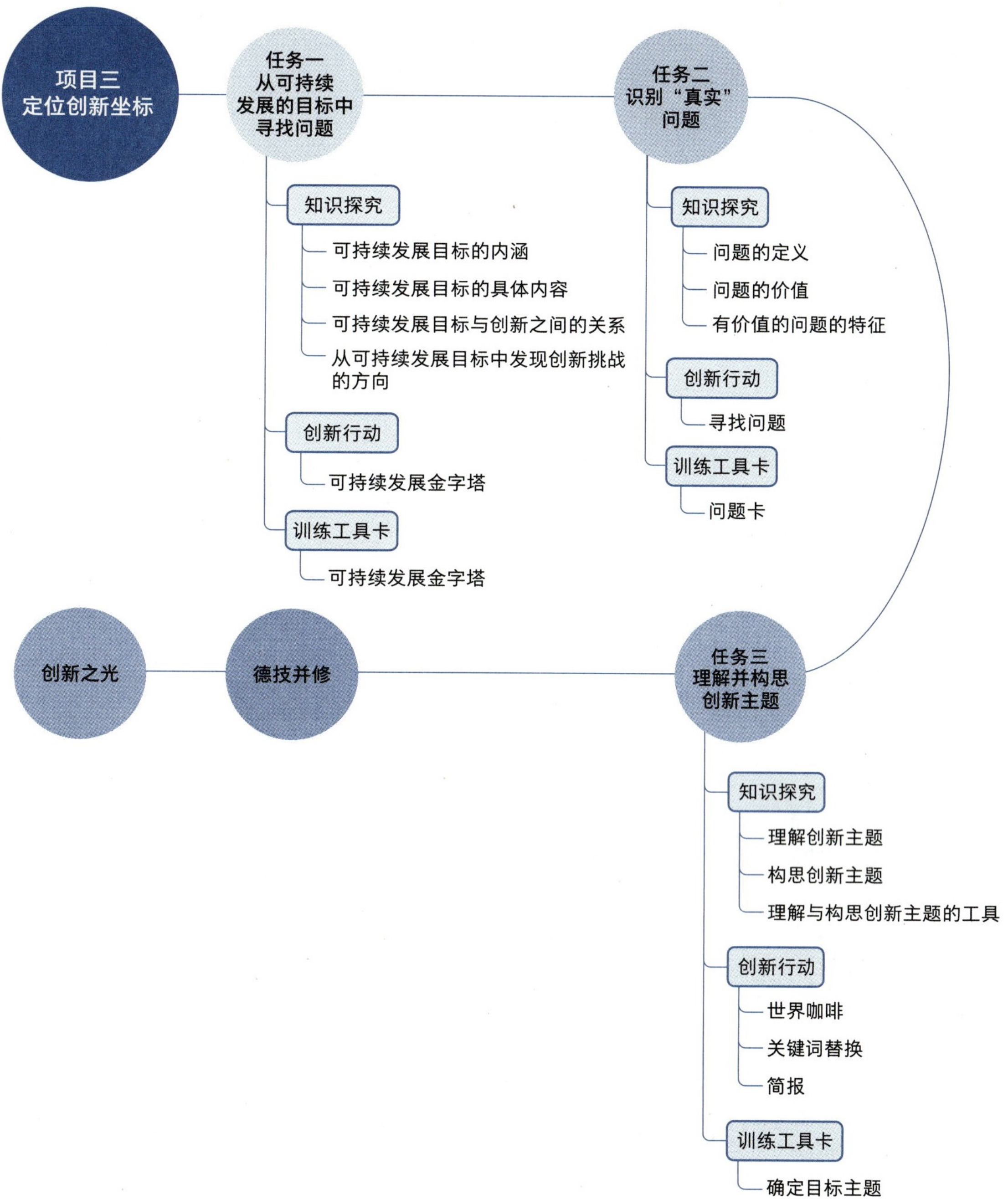

任务一　从可持续发展的目标中寻找问题

【新情境】

人与自然、社会以及人与人之间的关系都是未来可持续发展的关键，是人类生存与发展的一个永恒话题。随着人类文明的进步和科技的发展，可持续发展的目标要求每个人都应该贡献出自己的力量。这意味着除了政府和企业，个人的力量也不容忽视。创新者们在探索创新时，需要围绕着这一主题来展开思考，为人类未来美好家园的建设贡献创新的成果。

【知识探究】

一、可持续发展目标的内涵

可持续发展被定义为既满足当代人的需求，又不损害后代人满足其需求的能力。可持续发展目标是全人类共同的目标，旨在实现更美好和更可持续的未来。

尽管全球在经济发展、改善人居条件、消除饥饿与贫困等方面取得了一定的进展。但这些成果的实现往往以资源消耗的持续加大为代价，对地球基本生命支持系统构成严重威胁。森林消亡、能源枯竭、海洋污染等问题持续加重。此外，不可持续的生产与消费模式依然存在，地球生态系统仍面临着巨大的挑战。

2015 年 9 月 25 日，联合国 193 个成员国在峰会上正式通过了 17 个可持续发展目标。可持续发展目标旨在从 2015 年到 2030 年间以综合方式彻底解决社会、经济和环境三个维度的发展问题，转向可持续发展道路。

二、可持续发展目标的具体内容

可持续发展目标提出了人类所面临的全球挑战，包括与贫困、不平等、气候、环境退化、繁荣以及和平与正义有关的挑战等，可持续发展目标的 17 个全球目标，又可以分为两大类，即与人相关的目标，以及与环境相关的目标。这些目标共同构建出了稳定的可持续发展模式，如图 3–1 所示。

这 17 项可持续发展目标包括：

1．消除贫穷

在全世界范围内消除一切形式的贫困。

2．消除饥饿

实现粮食安全，改善营养状况和促进可持续农业。

3．良好健康与福祉

确保健康的生活方式，促进各年龄段人群的福祉。

图 3-1　可持续发展目标

4．优质教育

确保包容和公平的优质教育，让全民终身享有学习机会。

5．性别平等

实现性别平等，增强所有妇女和女童的权能。

6．清洁饮水和卫生设施

为所有人提供清洁的饮用水和卫生设施，并对其进行可持续管理。

7．廉价和清洁能源

确保所有人获得负担得起的、可靠和可持续的现代能源。

8．体面工作和经济增长

促进持久、包容和可持续的经济增长，促进充分的生产性就业和所有人获得体面工作。

9．工业、创新和基础设施

建造具备抵御灾害能力的基础设施，促进具有包容性的可持续工业化，推动创新。

10．缩小差距

减少国家内部和国家之间的不平等。

11．可持续城市和社区

建设包容、安全、有抵御灾害能力和可持续的城市和人类住区。

12．负责任的消费和生产

采用可持续的消费和生产模式。

13．气候行动

采取紧急行动应对气候变化及其影响。

14．水下生物

保护和可持续利用海洋和海洋资源以促进可持续发展。

15．陆地生物

保护、恢复和促进可持续利用陆地生态系统，可持续管理森林，防治荒漠化，制止和扭转土地退化，遏制生物多样性的丧失。

16．和平、正义与强大机构

创建和平、包容的社会以促进可持续发展，让所有人都能诉诸司法，在各级建立有效、负责和包容的机构。

17．促进目标实现的伙伴关系

加强执行手段，重振可持续发展全球伙伴关系。

三、可持续发展目标与创新之间的关系

1．真实性

可持续发展目标的内容将实际生活和真实世界中已经和正在发生的事件，以及面向未来的可持续发展的目标，与即将开展创新项目主题联结，具有真实的情境特征，使创新不再是孤立、抽象的纸上谈兵。

微课：什么是有意义的创新

2．价值性

为使创新满足可持续发展需要，适应社会、经济、环境协同发展，必须从观念、作用、评价标准、应用效果等方面对创新进行全面再认识，建立新的适合可持续发展需要的评价体系，保证创新沿着可持续发展的轨道造福于人类。

3．参与性

可持续发展目标是来自真实世界的，因此所涉及的问题的解决，离不开与他人的合作，与同学、教师或专家的讨论，以及在真实环境中的实践，这些要素保证创新项目具有参与性。

四、从可持续发展目标中发现创新挑战的方向

可持续发展目标为创新者们提供了一个全球性的努力方向，以确保人类和地球的共同繁荣。然而，要实现这些目标，创新者们面临着诸多挑战。那么，创新者们能够为这个世界做出哪些贡献呢？以下是一些创新挑战的思考方向：

1．能源转型

创新者们需要致力于研究和开发清洁能源技术，如太阳能、风能和水能等。同时，创新者们也需要探索更高效、更环保的能源存储和分配方法，以减少对化石燃料的依赖，降低温室气体排放，为可持续发展目标做出贡献。

2．气候变化

创新者们需要积极寻找应对气候变化的解决方案，如开发更高效的气候适应技术、碳捕获和储存技术等。同时，创新者们也需要倡导可持续的交通方式和建筑

设计，以减少碳排放，提高气候适应能力。

3．粮食安全

创新者们需要通过创新来提高农业生产效率，减少粮食浪费，并确保对自然资源的可持续利用。例如，创新者们可以研究如何提高农作物的产量和质量，同时减少对化肥和农药的依赖。

4．健康与福祉

创新者们需要关注医疗保健、公共卫生和心理健康等方面的问题，通过创新来改善全球人民的健康状况。例如，创新者们可以研究如何利用科技手段提高医疗服务的效率和质量，同时关注大众心理健康问题，为人们提供更好的健康保健支持。

5．可持续的城市和社区

创新者们需要关注城市规划和建筑设计等方面的问题，通过创新来促进城市可持续发展，改善生活质量。例如，创新者们可以研究如何利用绿色建筑技术和智能交通系统来减少城市的关于环境污染和交通拥堵的问题。

6．清洁的水和卫生设施

创新者们需要关注水资源管理和卫生设施等方面的问题，通过创新来减少水污染和改善全球人民的卫生条件。例如，创新者们可以研究如何利用先进的水处理技术和智能化的卫生设施来提供清洁的饮用水和良好的卫生环境。

7．可持续的消费和生产

创新者们需要关注商业模式、产品设计和服务等方面的问题，通过创新来促进资源的有效利用和减少环境影响。例如，创新者们可以研究如何利用循环经济模式和绿色产品设计来减少浪费和污染问题。

8．促进国际伙伴关系

创新者们需要关注国际合作或组织间合作等方面的问题，通过创新来促进全球范围内的可持续发展合作。例如，创新者们可以研究如何利用互联网和社交媒体等手段来加强国际间的交流与合作，共同推动可持续发展目标的实现。

这些只是从可持续发展目标中发现的一些创新挑战的思考方向。实际上，每个目标都包含许多其他的问题领域，需要创新者们进行深入研究和探索。通过创新思维和创新行动，创新者们可以为解决全球挑战作出贡献，并推动实现可持续发展目标。

【创新行动】

可持续发展金字塔

行动准备

1. 时间：30 分钟。

2. 参与人员：团队成员。

3. 工具：大白纸、便利贴、笔。

行动目标

根据可持续发展的17项目标选择一个主题，进行5个层级（如训练工具卡所示）的思考，最终讨论出团队最感兴趣的挑战目标。

行动步骤

1. 在一张大白纸上绘制出一个可持续发展金字塔（如训练工具卡所示）。
2. 选择一个团队最关注的可持续发展目标。
3. 事件关注：用便利贴列举在这个目标里出现的值得关注的新闻事件。
4. 信息提取：提取这些新闻事件中的利益相关者。
5. 资料查找：通过调查、反思这些新闻事件背后的原因。
6. 头脑风暴：思考团队可以为实现这些目标做出哪些努力。

【训练工具卡】

可持续发展金字塔

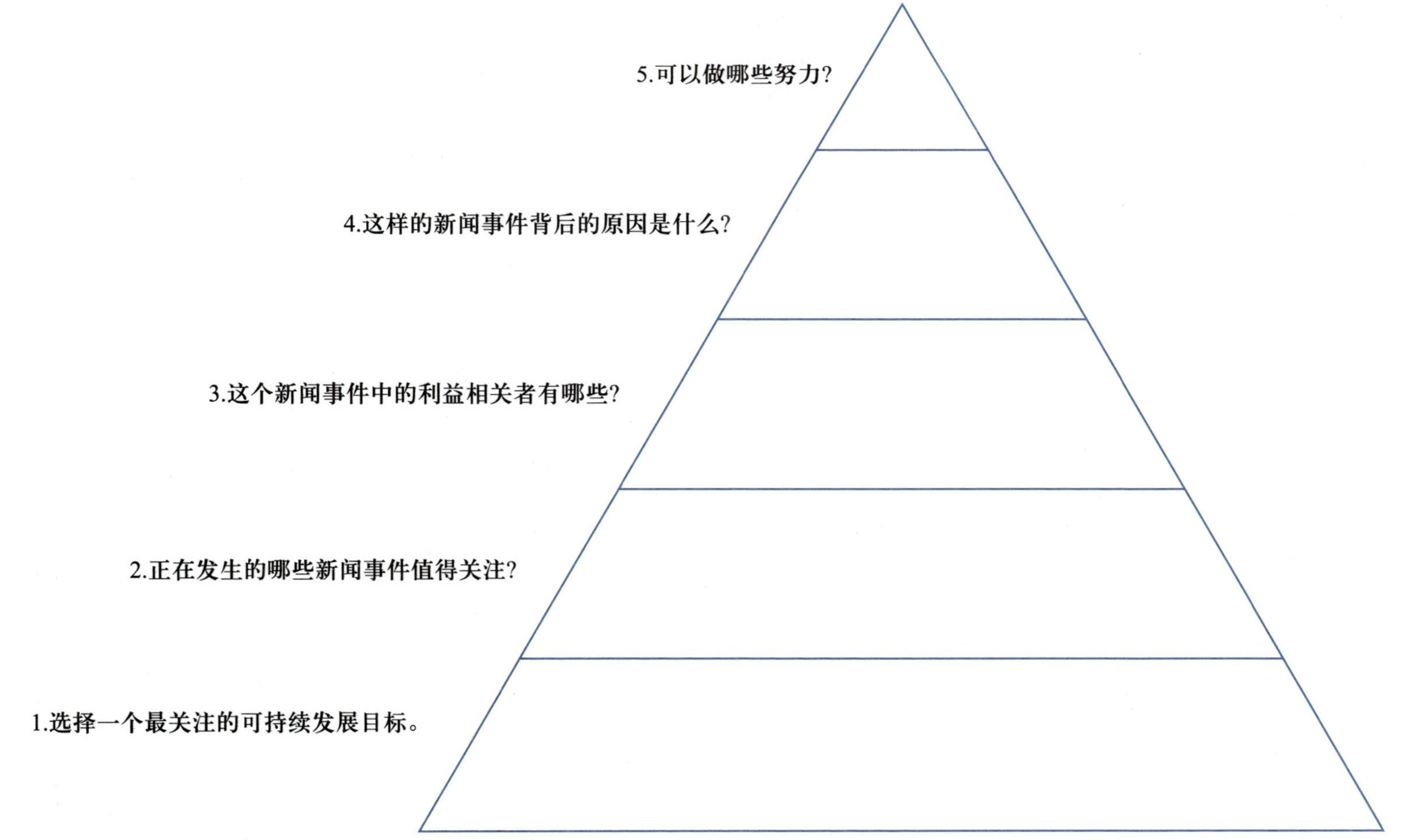

训练工具卡

任务二　识别“真实”问题

【新情境】

许多人在使用共享单车时都曾遇到车辆损坏、车锁无法打开等问题，导致共享单车无法正常使用。有位同学注意到这些问题可能对用户体验和共享单车使用率产生影响。为了提高共享单车的可靠性和使用率，他提出了一个设计新型智能共享单车的想法，该单车能自动检测车辆损坏情况并及时报修，提供多种解锁车锁的方式，解决了用户使用共享单车时的常见问题，提供了更便捷的用户体验。发现问题并确定想法后，他开始探索实现这个想法的方法，并最终制定出了一种新型智能共享单车的设计方案。

发现问题和提出问题才能产生创新的动力，问题探索是创新的第一步。为了找到有价值的问题，需要运用一系列的思维和方法。本任务将从问题的定义和价值入手，进一步探究有价值的问题的特征，从而帮助创新者识别“真实”问题。

【知识探究】

一、问题的定义

科技正在对世界产生重大影响，整个世界都处于变化之中，想要在变化的环境中把握机会，一个有效的方法就是保持好奇心，通过探寻，让自己被问题包围，因为问题的背后往往蕴含着机会。探寻问题不仅要发现一般性的问题，更要探索到有想象空间且具有价值的问题。创新的价值和问题本身的价值密切相关。当然，如何清晰界定问题，本身就是一个关键问题。关于“问题”的定义有很多，不同视角都会给出不同的解释。

定义一：需要寻求答案的疑问被称为问题，例如：“你对大学生创业有什么问题与看法？”

定义二：需要解决的矛盾或疑难被称为问题，例如：“他们所争论的问题根本毫无意义。”

定义三：棘手的情况或难题被称为问题，例如：“大学生如何从现在开始为未来做准备是一个很大的问题。”

定义四：关键的焦点被称为问题，例如：“对学习而言，最重要的问题就是应用。”

定义五：实际状况与预期之间的差距被称为问题，例如：“对大学生来说，一个很重要的问题是他们不知道现在所学习的知识和未来工作之间的关联性。”

二、问题的价值

微课：一个好问题是怎样被发现的

探寻问题和创新之间存在一定程度的联系，很多产品、公司甚至行业都来源于某一个问题。探寻问题不仅是商业机会的重要来源，也会对人们的工作方式和生活方式产生重大影响，只有保持好奇心才有对未知的重大发现。这就好比旅游，依据旅行社安排的既定路线，往往会比较无趣，也难有新的发现；而自己安排旅游路线，一路探寻，则会有超出预期的收获。探寻问题不仅是一种工具，更是一种思考方式和生活方式。探寻让人们对人生充满了期待，恰恰是这种期待，才使人们有继续前进的动力。

在某些情况下，问题的价值往往超越了答案。如今，知识和信息迅猛增长，如果无法发掘出具有深度的问题，那么庞大的知识库和信息量则会成为人们肩上的重负。只有利用这些知识去解决有价值的问题，才能创造出更大的价值。然而，在多数情况下，人们习惯于寻找问题的答案，追求解决后的满足感，却忽视了对问题本身的深入剖析和探索，使得解决方案与问题并不匹配。因此，发掘出真正有意义的问题，其价值往往超过了解决问题。而这些现象，会逐渐消磨好奇心和思考习惯。在高压的工作环境和繁重的工作任务中，人们常常急于解决问题和完成任务，却鲜有退后一步去深入思考和挖掘问题的本质。所以，如何提出一个好的问题，以及如何有效地阐述问题，成为了人们需要关注和探索的重要课题。

三、有价值的问题的特征

问题的质量决定了解决方案的质量。有价值的问题应具有以下六个特征：

1．开放性

开放性的问题通常包括“为什么”“如果”“怎样”等提问类型，这些问题具有激发创新思维、挖掘想象力、给人以启迪的特点，是创新的主要来源。这样的问题能够促使人们思考并探索更多可能性，从而拓宽思维视野。

2．积极性

提出问题的态度存在两种：积极和消极。例如，面对学生在上课期间使用手机的情况，消极的提问可能是：“学生上课时总是玩手机，我们该如何有效地进行授课？”积极的提问则可能是：“如何将学生的手机使用与学习更为紧密地结合在一起？”如果采用积极的态度来提出问题，人们可能会发现更多的可能性。积极提问是一种带有欣赏和探索的态度，提问的目的并非是批评或指责，而是寻找和探索可能的机会。这就是积极提问与消极提问之间最主要的区别。

3．有趣性

有趣表示这种提问是一种前所未有的、与众不同的问题，具有一定的趣味性。一旦确定了需要解决的问题，一场新的冒险便随之展开，充满了令人充满期待的未知，因此才会显得有趣。有趣的问题可以让人产生强烈的兴趣和好奇心。

4. 有想象力

有想象力的提问揭示了充满可能性和未知的未来。例如，“如果大学生可以自行安排课表，大学生活会是什么样子？”这个问题挑战了人们对教育模式和大学生角色的传统认知，它要求人们以一种全新的角度去思考大学的教育环境和学生的学习方式。有想象力的提问让人们看到了一个充满变革和可能性的未来。这些问题挑战了人们的思维定式，激发了人们的创新精神，并鼓励人们探索未知的领域。

5. 挑战性

具有挑战性的问题无法仅凭简单的搜索工具轻易解答，而是需要人们投入一定的努力和时间才能找到答案。只有当问题具有一定的挑战性，给解决问题的人一定的动力和门槛时，解决方案才具有一定的竞争力。例如，“如何最多通过五个人认识任何一个陌生人？”这个问题需要一定的社交网络分析能力和人脉资源才能得出答案，因此具有挑战性。

6. 可实现性

可实现性意味着这些问题来源于真实世界，是普遍存在的问题，解决这些问题能够给现实生活带来真实的影响和改变。可实现性同时意味着问题的解答空间不会太宽泛，通过人们的努力，借助现有的技术、能力或资源就可以解决，而不是遥不可及。

【创新行动】

创新行动：寻找问题

寻 找 问 题

行动准备

1. 时间:20 分钟。

2. 参与人员:团队成员。

3. 工具:大白纸、笔、投票贴。

行动目标

团队成员列举出关注到的问题，展开讨论和投票，选出团队最希望解决的问题。

行动步骤

1. 列出难题。给每个团队发一张白纸，请团队成员写下当前最关注的议题，并且列出 1~3 个需要解决的问题。

2. 策划短剧。每个团队用 5 分钟时间策划一场短剧，借此向其他团队说明该难题。

3. 场景再现。请每个团队表演他们的短剧。每个团队大声念出他们的议题以及他们尝试解决的问题,并将列举议题及问题的白纸贴在墙上。

4. 在最重要的问题上投出一票。等所有表演结束之后,请每个团队成员在他们认为最重要的问题上投出一票。这样每个团队就票选出他们在接下来的项目过程当中需要解决的问题。

【训练工具卡】

问 题 卡

问题 1.	投票处

问题 2.	投票处

问题 3.	投票处

训练工具卡

任务三　理解并构思创新主题

【新情境】

在设计一座桥时，人们通常会面临多种选择，如选择桥的材质、结构类型以及建造位置等。然而，从理解的角度来看，首先应该问的问题是：用户为什么要造一座桥？理解用户的需求是设计桥梁的第一步。只有充分了解用户的需求和期望，设计师才能设计出符合用户需求的桥梁。

理解并构思创新的主题意味着对用户所面临问题的讨论和思考。团队应该从哪些角度切入，寻找创新解决方案，这是每一个创新项目开始的时候需要开展的工作。前文提到，创新意味着没有任何限制，没有任何边界，可以完全天马行空地思考，但是任何事物的研究都不应该完全偏离事实。只有深入地研究并提出有效的问题，划定适当的范围，制定合适的讨论主题，才能够产生广泛适用的创造性想法。所以，在构思创新主题的时候需要对过于宽泛的主题添加适当的限制条件，或者将一个宽泛的主题分解成若干个相对具体的子主题。

【知识探究】

一、理解创新主题

1．理解的概念

在项目开展的前期，创新实践中强调的“理解”主要有两个层面的含义，既包含对创新提出的问题以及对问题所处情境的认识，也包含对人的理解，不仅是理解用户，还要通过构建项目团队实现小组成员之间、小组和小组之间、项目参与者和领导者之间的理解。

微课：怎样深入地理解一个问题

2．理解创新主题的重要性

在开展创新项目的初期，应该从理解起步。因为随着对问题和人的深入理解，创新者们能开辟新的切入视角，催生出独特的解决方案。

（1）对问题的理解。对真实问题多角度、多层面、多维度的理解能让创新者们突破思维的局限，防止在一开始就将解决问题的思路仅仅聚焦在单纯的产品上。因为创新实践不仅是针对产品功能等某一个具体内容的传统狭义的创新，而是寻求广义的创新，是对社会生活中复杂多样的问题的挑战，为产品和服务的商业模式、组织形态和管理体系等提供具有创造性的解决方案。

（2）对人的理解。创新思维强调以人为本的核心，所以创新者应该始终把对人的理解贯穿于创新实践的所有环节。这里所强调的思维方法区别于纵向深入的分析性思维，是一种致力于连接不同学科知识背景的，寻求横向多样化拓展的联结性思维。应该让来自不同专业领域的人密切合作，基于对用户的关怀来解决实际中的具体问题。

【数字新时代】

利用数字技术提升用户体验

在创新思维的引导下，创新者必须始终将人的需求置于首位，并以此作为创新实践的指南。美的集团借助数字技术进行产品设计和生产，持续提升产品的质量和用户体验。

在空调产品的设计领域，美的集团运用数字技术优化了产品的控制系统。美的集团成功研发出一套依托人工智能技术的智能控制系统，该系统具备根据室内环境和用户使用习惯自动调节空调运行状态和温度的功能，能为用户提供更舒适且节能的室内环境。

此外，美的集团还运用数字技术对产品的外观和功能进行了设计及优化。美的集团利用 3D 打印技术制作了产品的外观模型，通过仿真测试和数据分析，不断优化产品的外观和功能。同时，美的集团还运用虚拟现实技术模拟并优化产品的生产过程，提高了生产效率及产品质量，并降低了生产成本与能耗。

借助数字技术，美的集团不仅提升了产品的质量和用户体验，还做到了降本增效。这种数字化转型有力地推动了工业设计的发展和创新。

二、构思创新主题

创新者可以从以下几个方面进行创新主题的构思：

1．保持同理心

在每个创新项目的开始阶段，一个重要的任务就是针对用户建立同理心，也就是对其达成深入的理解，明确用户表达出来的需求，并设法发现其潜在的隐藏需求，从中发掘真正有意义的创新主题。

同理心也被称为共情或移情，是指对他人的深刻理解与感同身受。建立同理心，包括感受到他人的情感和情绪，从他人的态度中体会其言行的由来，认识并明确其需求和期望。在创新项目中，同理心特指对创新主题中所界定的用户的理解。

作为以人为中心的创新方法论，创新思维不只是依靠技术驱动的创新逻辑，也不单纯地赞成针对问题狭隘地寻找答案，而是希望通过认识创新回归到人本身，从理解人的内心起步，去真正地解决问题。

2．正视约束

对创新活动的一种狭隘的认识是创新要有无限自由。有些人认为只有在财富用之不竭、没有时间交付压力的自由条件下，创新才能够彻底地放松，灵感创意才能源源不断。实际上，如果没有任何限制，也就不存在问题，自然更没有创新的必要了。正因为有各种稀缺的资源约束，才需要创新者们充分运用知识和智慧，去解决特定时代、特定环境、特定人群所面临的具体问题。

3. 保持开放性

开放是创新的必要条件，创新思维对开放性的践行既体现在其理念上也反映在具体的实践活动中。在创新思维的系统中，每个项目的践行者都是平等参与、自由发表意见的主体，研究和实践活动应该分配更多的时间给参与者。创新团队成员应充分交流想法，并用即时贴记下来张贴在白板上。不仅如此，分享与互动也不应局限在小团体内部，还应该在组织团队之间分享。

4. 拥抱不确定性

拥抱不确定性让创新者们的思维获得解放，从而在创新的道路上不断发现新的灵感。创新者们在项目研究和实践过程中，在面对创新挑战时，往往并不知道问题的答案，需要暂时抛弃对确定性和本能的依赖，在不确定中寻找各种可能。也许创新者们本来并不是所涉及问题领域的专家，但缺乏相关经验会让创新者们不受思维的限制。在运用创新思维方法的过程中，创新者们应始终坚信会有更多的创意不断出现，随着团队的密切协作中不断排除不理想的可选方案，最终将创新者们导向未来的答案。

5. 保持乐观

创新是面向未来的，乐观则是创新者们背后的基本态度。创新者们必须对各种可能性保持积极的心态，而非始终纠结于探索道路上暂时遇到的一两个障碍。创新者们不会钻牛角尖，而会随时从旧思路中跳出来，再从新的角度切入去解决问题。无论面临何等艰巨的挑战，无论环境多么恶劣，无论可用的资源多么匮乏，创新者们应始终坚信解决方案就在前方，即使现在不知道答案，未来也有可能找到它；或是通过有意义的尝试和失败，为最终的解决方案铺设道路、架设桥梁。

6. 直面问题

新的问题总会不断地涌现，创新过程中并不会存在这样一种终极状态：所有的问题都被解决。从宏观上看，人类文明和现代科技在造福社会的同时也带来了一些不良的影响，如环境污染、生物多样性降低等问题。但是这些问题仍然可以继续通过文明的发展和科技的进步来解决。在未来解决了这些问题之后，可能又会产生新的问题，但这并不是人们逃避现实、不敢直面问题和放弃创新、拒绝进步的理由。因此，创新思维是从理性的、乐观的角度理解问题，从更高的维度思考关于问题的问题，相信创新者们总是可以解决问题，并在应对挑战的过程中取得新的进展。

三、理解与构思创新主题的工具

创新主题既不能太大、太宽泛，也不能太小、太狭窄。在太狭窄的主题下团队往往找不到明确的思路，很难在有限的时间内完成设计任务，也难以产生合适的想法和解决方案。而对于太宽泛的主题，虽然加以适当的限定，团队就能产生能够宽泛使用的想法，但这些想法往往会远远超过原先划定的范围。

创新主题的构思就是给团队规划一个目标、设定一个范围，这样团队对主题的理解就很重要，如果团队的理解有偏差，可能就会“差之毫厘，谬之千里”。

下面介绍三种帮助理解并构思创新主题的工具：

1．世界咖啡讨论法

世界咖啡讨论法是构建学习型组织的基本方法，是团队协同共进的高效工具，是指通过营造朋友聚会式的休闲氛围，以及“用对话解决问题、找到方案”的学习方式，让背景各异、观念不一，甚至素不相识的人能够围坐在一起，进行无障碍的轻松交流和畅谈，让深藏的思想碰撞出火花，形成集体的智慧。以下是一些启发性的问题，这些问题有助于创新者们在世界咖啡讨论法的应用场合下激发新的智慧和创造性思维。

（1）有利于集中集体注意力的问题。例如：“什么样的问题对我们所探讨的情景的未来有重大意义？”“这种情况对你来说最重要的是什么，你为什么在意它？”“是什么引导你思考这个问题？”

（2）有利于发现深层次见解的问题。例如：“在这里形成了什么？”“在各种意见的背后我们听到了什么？”“我们听到的中心问题是什么？”“会谈中出现了哪些新的观点？你又做了哪些新的连接？”“你听到的谈话中，哪些对你来说有真正的意义？哪些让你感到吃惊？哪些让你感到迷惑或者对你来说是一种挑战？”

（3）启发开拓创新的问题。例如：“要对此问题进行改革，需要采取什么？”“我们注意力应该马上集中到哪里才能取得进展？”“如果我们已经能够保证百分之百成功，你会选择实施哪些大胆的举措？”“我们应该如何互相帮助以开展下一步的活动？我们各自会有什么独特的贡献？”

2．关键词替换法

关键词替换法是指根据讨论主题的陈述，改变替换关键词，使这些陈述更确切、更清楚地表达主题，同时还要保持新意。使用这种方法时应检查讨论主题的新陈述，辨识关键词。利用关键词替换法，可以重新定义主题的陈述，获得新的主题或者只讨论主题中包含的问题。

关键词替换法的主要使用场景有：

（1）讨论更适合的主题时；

（2）需要将问题陈述得更清楚、更确切时；

（3）对主题的陈述更具有挑战性，会带来更多创新想法时；

（4）希望拓展对应问题的想法，而讨论内容还没有偏离太远时；

（5）已了解现状背景并制定了一个讨论的主题，但整个工作团队尚未开始主题讨论时。

3．简报呈现

简报是指传递某方面信息的简短的内部小报，是具有汇报性、交流性和指导性特点的简短、灵活、快捷的书面形式。简报呈现为项目团队提供一个起步的框架，一套可以衡量进展的标尺以及一系列将要实现的目标。通过视觉化的呈现，能够让团队成员更加明晰要讨论的目标和行动计划。

【创新行动】

世 界 咖 啡

创新行动：世界咖啡

行动准备

1. 时间：30 分钟。

2. 参与人员：团队成员。

3. 工具：白板、白纸、马克笔、便利贴。

行动目标

在整个创新行动过程中，团队内部或团队与团队之间要进行无数次讨论，才能够碰撞出智慧的火花，充分理解主题并明确目标。世界咖啡以全新的角度把“对话”当作一个核心流程，团体和组织可以通过对话去改造周遭环境，催生出有助于创新的必要知识。

行动步骤

1. 4～6 人一组，每个小组选出一位桌长主持本桌的讨论；

2. 所有人一起讨论一个确定的问题，并用文字、图画等方式记录下重要的观点和看法，其他小组也同时讨论相关的问题，也同样用文字、图画等方式记录下重要的观点和看法。

3. 每一桌除桌长外的所有人轮换到不同的小组，和新的组员坐在一起，汇报自己在原来组的观点，并与新的组员进行讨论。桌长要负责组织大家的讨论并维持秩序。

【创新行动】

关键词替换

行动准备

1. 时间：30 分钟。

2. 参与人员：团队成员。

3. 工具：大白纸、黑色记号笔、便利贴(每人至少5种颜色，每种颜色至少5张)。

行动目标

通过关键词的替换，让参与者充分理解讨论的主题，从不同的角度观察、了解这次活动要解决的问题和目标，为提出新的想法奠定基础。

行动步骤

1. 研究讨论的主题。将关键词找出来，例如，“我们如何改善社区环境”这句话中的关键词是“改善”“环境”“我们”“社区”，这时关键词数量n=4。也可以将关键词分为“我们”“改善”“社区环境”，这时n=3。

2. 寻求相近的关键词。在大白纸上画出n个纵向格子，从左到右在每个格子里依次写下全部关键词。在上例中，可列出3个格子，分别填入“我们”“改善”“社区环境”这3个关键词；然后给每个人一只黑色记号笔和若干张便利贴，接下来让每人都将自己认为相近似的关键词写到便利贴上，再贴到对应的关键词下面，比如与改善相近的词有“提高”“拓展”“提升”等。

3. 做关键词的混合匹配。进行新词替换以形成新的主题描述，将相近的关键词相互交叉连接起来，重新陈述问题。将新的问题陈述写下来，让每个人都可以看到，利用这些新的陈述增强团队成员对问题的理解。

【创新行动】

简　　报

行动准备

1. 时间:20分钟。

2. 参与人员：团队成员，并分为若干个小组。

3. 工具：大白纸、各种颜色的彩色笔。

行动目标

利用简报的形式，通过直观的视觉艺术展现自己的直觉想法，使大家更加清晰地理解要讨论的主题和行动计划。

行动步骤

1. 每个小组发一张大白纸及彩笔，将小组讨论的主题和行动目标做成简报。

2. 给每个小组5分钟时间来解释简报内容，并且向大家阐述小组的主题和行动计划。

【训练工具卡】

确定目标主题

1. 最初的议题
2. 讨论记录
3. 关键词替换
4. 简报

训练工具卡

德技并修

从货运司机痛点挖掘创业商机

高雨杨，某高职院校建筑电气专业的毕业生，在校期间曾是学校创新创业学院学员。他创立了五八速运货车服务平台，主要提供二手货车买卖、车辆运营托管、汽车保险、金融服务等服务。在货车销售环节，该平台采用线上平台加线下展区的模式，为货车司机创造便捷、高效的买卖货车环境。

高雨杨的创业灵感源于对货车司机的深入了解。他在2016年毕业时看到交通运输部发布的统计公报，该公报显示，全国有载货汽车1 389.19万辆，与之相对应，全国有约1 400万名货车司机。在与货车司机交流的过程中，他了解到司机的生活主要是在车上度过，特别是在跑长途的时候，吃、睡都在车上。通过与司机们的交流，他发现了货车司机的“痛点”，也发现了解决这些“痛点”的商机。

高雨杨最初的想法是创建一个货车版的“滴滴”。然而，在进入货运市场后，他发现在这方面已经有了成熟的商业业态，如货拉拉、卡车之家等。因此，他决定从解决货车司机的买车卖车及用车规范的问题入手，与其他解决货源问题的平台形成错位发展。

高雨杨团队基于货车5个大类共90项检测评分信息，自主研发了一套估值算法模型，结合保险公司车损数据和市场实时行情，保证货车价格的客观、准确。同时建立了评估师的培训考核机制，严格进行过程管理，确保不同估价师之间的估值误差不超过5%。

现在，高雨杨的发展思路更加明晰：公司将继续深耕深圳市场，并在深圳周边地区布点（如东莞、珠海、惠州等），着手服务粤港澳大湾区；然后逐步拓展全国市场，提高行业集中度、树立行业标杆，努力成为二手货车交易的领先企业。

案例思考

1. 为什么创新团队重新定义了他们要解决的问题？

2. 这种重新定义问题的方法对于解决问题有什么好处？

创新之光

中国航空工业：科技创新，引领未来飞行

近年来，中国航空工业在自主研发方面取得了显著成就，其中C919客机、ARJ21客机和AG600飞机等三款飞机的问世备受瞩目。这些飞机集中体现了中国工程师和科学家的智慧，展现了中国航空工业在航空领域的巨大潜力和雄心。它们不仅是中国航空工业的骄傲，更是向世界展示中国实力的有力证明。

C919客机作为中国自主研制的大型民用喷气式客机，代表了中国航空工业的最新突破。它融合了国际先进技术以及国内研发的技术成果，采用了全新的创新思维模式进行研发。通过对复杂的大系统工程技术的突破(如电传操纵系统、涡轮式发动机、先进的机翼气动外形以及飞行控制系统等)，C919客机具备了高度的安全性、可靠性和维护性。它的问世不仅满足了客户、市场和运营方的需求，同时也打破了国际航空巨头对技术的封锁，为中国航空工业发展提供了强有力的支持。

ARJ21客机是中国自主研究开发并量产的新型客机，被誉为是中国自主品牌航空的第一张名片。它采用了复合材料的制造工艺，拥有多项技术创新，如先进气动外形技术、电滑梯技术以及基于人工智能的飞行控制技术等。

AG600飞机是由中国自主研发的大型水上飞机，主要用于执行海上救援、水上消防和海上巡逻等任务。它的成功研发标志着中国成为了世界上唯一具备自主生产四种飞行器的能力的国家，并带来了巨大的商业潜力。

这些飞机的问世不仅对中国自身的发展具有重要意义，也对全球航空领域的格局产生了深远影响。中国航空工业的自主研发能力将继续为世界航空工业的发展带来重要影响，开创更广阔的未来。

创新需要深入了解用户需求，解决实际问题。党的二十大报告指出，“必须坚持人民至上”。只有真正了解用户需求，才能创造出更加贴近人民生活的产品和服务，才能让创新成果更好地造福人民。

项目四

启动创新雷达

【学习目标】

素养目标

- 通过建立与用户的联系，树立同理心
- 通过对用户需求的研究，树立服务社会、服务地方的理想信念

知识目标

- 了解获取信息的概念与原则
- 熟悉用户的类型与制定调研方案的原则
- 掌握观察的概念与基本方法
- 掌握访谈的概念与工具
- 掌握实地体验的概念与方法

技能目标

- 能够根据不同用户类型进行调研对象的划分
- 能够根据创新主题编写相关的调研方案
- 能够使用观察法进行调研勘察
- 能够使用各种方法对用户开展访谈
- 能够综合运用方法开展用户体验

【项目导读】

要深入挖掘潜在问题和用户的真实需求，创新者必须置身于用户的使用环境中，并像人类学家一样，从研究人类的行为开始进行调研。通过与具体的人进行接触、聆听和观察，创新者可以获得切身体验，从而基于真实的场景和信息获得创新的想法。这种洞察力不仅有助于创新者更好地理解用户需求，还可以帮助创新者预测未来的趋势和变化，从而更好地应对市场和行业的变化。

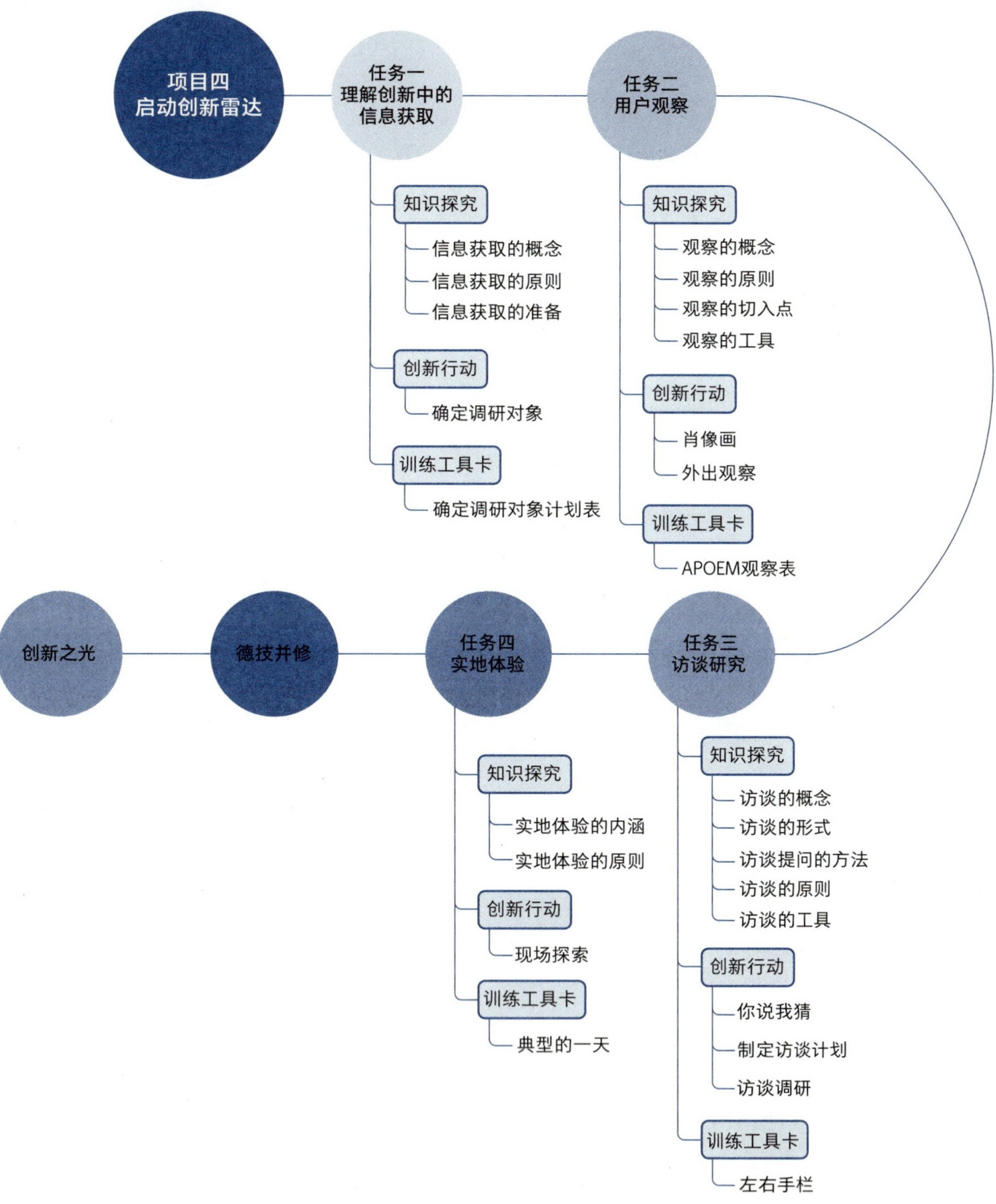

任务一　理解创新中的信息获取

【新情境】

小米与小力在听到同学们对于寻找空教室感到十分困难的抱怨后，认为这是一个需要关注的问题。于是，他们开始就这个问题进行调查，并通过与同学们的交流收集信息。他们发现，同学们对此问题的看法存在差异，有些同学认为空教室很多，而有些则表示很难找到一个安静的空教室。

为了更深入地了解实际情况，小米和小力决定进行实地考察，观察学生们在校园内寻找空教室时遇到的问题。他们调查了各大教学楼，观察学生们在寻找教室时的状态。通过调查，他们发现学生们在找教室时面临着许多困难，如地图不清晰、标识不明确、教室分布不合理等。这让他们更加深入地理解了该问题的本质，帮助他们思考解决方案。

从小米和小力的行动可以知道，在创新过程中要取得进展，需要注重多渠道、多方法地获取信息。只有深入调查，了解问题的本质，才能提出更加有效的解决方案。因此，在创新实践中，需要更加注重获取信息。只有深入地了解用户需求和挑战，才能使创新实践具有针对性和有效性。

【知识探究】

一、信息获取的概念

信息获取是指围绕一定目标，在一定范围内，通过一定的技术手段和方式方法获得原始信息的活动和过程。信息获取的途径不是单一的，一般可以通过亲身探究实物本身、与他人交流采集信息、检索媒体采集信息等多种方式获取信息。客观而真实的数据信息能使人们对于主题的认知更趋于概念化、类型化、理性化。

二、信息获取的原则

在创新活动中，信息获取应遵循以下原则：

1．从身边着手

获取信息应先从身边的人开始，再逐步扩大调研的范围。

2．寻找困难和障碍

获取信息时应主动寻找困难和障碍，它们可能是团队可以解决的难题，应记下可以立即解决的小事，以及暂时无法解决的大事。

3．用心观察

与他人交谈时，除了仔细聆听对方说什么，也应通过观察对方的一举一动来获取更多信息。

4．保持问题的开放性

向他人提问时，应提出开放性的问题，即使提问者可能已经知道答案，但有时候他人的回答仍会出乎意料。

5．记录想法

记录讨论的内容，以便之后回顾发生了哪些事情，同时也可利用绘图、拍照以及录像等方法辅助记录。

6．寻求共性

将与他人交谈中看到和听到的一些相同的信息记录下来，这可以帮助调研者确定议题以及制定可行的解决方案。

三、信息获取的准备

调研方法准备得越充分，针对性越强，信息获取的实际效果就会越好。调研者在信息获取环节需要投入很多精力，针对调研对象的群体特征制定有效的调研方案。每个人都是独特的个体，因此调研者在准备阶段就应当针对不同类型的用户制订有的放矢的调研计划。

1．根据议题分析确定重点观察的调研对象类型

创新思维依据用户的特征，将调研对象划分为以下几种类型：

（1）一般用户：亦称普通用户，是指某一产品或服务的主要使用者。针对这类用户的调研活动可以更好地了解他们的需求、习惯、行为以及反馈，从而为产品或服务的优化与提升提供重要的参考依据。

（2）特殊用户：是指在某些方面具有特殊需求或使用习惯的用户群体，如残障人士、老年人、儿童等。对于这些特殊用户的调研有助于深入了解他们的特殊需求和使用场景，从而在创新产品和服务的设计中提供更符合他们需求和习惯的方案。

（3）专家：是指具备特定领域专业知识和丰富实践经验的人员，如行业专家、学者、顾问等。这些专业人士在相关领域拥有深厚的理论知识和丰富的实践经验，他们的见解和建议能够提供宝贵的指导和启示。通过针对这些专家进行调研，可以获得关于行业发展趋势、技术发展方向以及市场需求等多方面的深入了解，从而更好地指导产品或服务的研发和创新。

2．制定调研方案

调研方案会直接影响调研的倾向性与结果。由于项目时间、预算等条件的限制，调研方案无法做到十全十美。调研者需要考虑最低需求，如必须考虑的对象、必要的信息，并注重方案的可能性。

（1）确定对象及地点。通常创新议题的目标用户范围较大，需要将其具体化，

根据调研的可行性列出调研计划。调研中的观察和访谈环节需要确定对象，据此可分为两类：陌生人访谈与熟人访谈。访问地点的选择也很重要，可以选择环境氛围较好，容易开展访谈的地点。创新团队还可以运用数字化的技术手段等来进行调研，如网络问卷、微信调研、视频采访等。

（2）团队设备和时间。可将创新团队分为两组或三组，每组安排2～3个成员分别调研。在访谈中，有人负责提问，有人负责文字记录，有人负责拍照录像。为保证观察的准确性和完整性，在观察访谈时除了携带纸、笔、照相机，录音、录像设备也是必要的。此外，观察的结果与观察的时间也息息相关。

（3）预先准备访谈的问题及调查的场景。团队成员需要先行收集场景、用户等资料，初步了解相关情况。问题准备可以分为以下环节：团队所有成员参与提问，并分别用即时贴写出问题；分析问题，讨论问题，并投票选出最重要的问题；对问题进行提炼和加工。

【创新行动】

确定调研对象

行动准备

1. 时间：20分钟。

2. 参与人员：指导老师、团队成员。

3. 工具：笔、A4纸。

创新行动：确定调研对象

行动目标

与所在团队合作，写下潜在的谈话对象、需要观察的地点以及需要体验的场景等相关内容，如下所示。

行动步骤

思考下列内容，填写训练工具卡，实行行动目标。

1. 研究对象清单。

2. 观察地点或对象。

3. 重点访谈对象。

4. 体验场景。

【训练工具卡】

调研对象计划表

1. 研究对象清单	2. 观察地点 / 对象

3. 重点访谈对象	4. 体验场景

训练工具卡

任务二　用户观察

【新情境】

博文平时十分善于观察，他发现同学们在食堂用餐时，经常面临寻找座位困难的问题，这不仅浪费了宝贵的用餐时间，也增加了不必要的精力消耗。对此，博文开始对食堂的用餐情况进行细致的观察。

他注意到，食堂内的桌子使用情况并不均衡，有些桌子仅有一两位同学就座，而有些桌子则坐满了人。此外，他还观察到，同学的就餐习惯也存在差异，有些同学喜欢在用餐时聊天或使用手机，吃饭时间较长；而另一些同学则在迅速吃完饭后离开，吃饭时间较短。

基于以上观察，博文提出了一种创新的解决方案：设计一款智能餐桌预订系统。此系统允许同学们通过手机 App 提前预订餐桌。为了更好地服务同学们，博文还在每张餐桌上安装了一个小屏幕，实时显示该桌的预订状态和食堂剩余座位数量。

这一设计有效地解决了同学们在食堂用餐时寻找座位的问题，体现了博文细致入微的观察力和创新思维。事实上，细致的观察是深入了解世界的重要方式，也是所有创新和发明的起点。因此，创新者应该时刻保持敏锐的观察力，重新审视周围的世界，以便及时发现并抓住那些被忽视的创新机会。

【知识探究】

一、观察的概念

观察是指有意识地进行观看。确定观察对象，采用合适的研究方法，根据收集到的信息得出有用的结论，以及观察的启动时机，这些都需要经过深思熟虑和精心策划。一般来说，观察可以分为两种主要类型：日常生活中的观察和作为科学研究手段的观察。

日常生活中的观察是人类最基本的观察方式之一，它没有明确的目的性和计划性。就像人需要呼吸一样，人们在生活中也不断地对周围的事物进行观察。然而，这种观察是人类的一种本能活动，如果不通过有意识地反思，人们通常对自己的观察习惯缺乏意识。

而在科学研究中，观察是研究者有目的、有计划的一种活动。研究者运用自己的感觉器官或借助科学仪器能动地对自然或社会现象进行感知和描述，从而获得有关的事实材料。这种观察不仅需要研究者具备严谨的科学态度，而且还需要对观察对象进行深入分析和研究，以便得出准确的结论。

总之，观察是一种重要的研究方法，通过在创新活动中观察用户，可以深入了解用户的需求和行为特征。在日常生活中，人们也需要不断地进行观察，更好地了解周围的事物和环境。

二、观察的原则

在实地观察中可以遵循"三不"原则，来帮助调研者发现一些容易忽略的机会点。

1．"不寻常"

通常指在某个场景出现的值得令人注意的"物品被改造"的地方，特别是常见物品的非正常使用，如一个空的奶粉罐因为它的密封性好被用来装了花生仁。

2．"不自觉"

通常指由于调研者的思维惯性而被忽略的异常。例如，请快速地念下面这句话："研究表明，汉字的顺序并一不定能响阅影读。"会发现什么？

3．"不可能"

通常是指在所观察的场景中不应该出现的物品或事物。例如，在马路上的禁止停放区域却停着一辆马车。

三、观察的切入点

观察应从何处切入？怎样才能充分地理解用户的行为习惯，把握用户的需求？这就要求创新者对用户进行有意识的观察。

1．进入真实环境获得第一手资料

用户的行为能够直接地反映他们的内心，因此创新团队需要走到用户中去，身处于他们所在的环境之中，进行直观的了解。

2．观察用户的使用状态

创新团队应用心观察用户的使用状态或变通方案。例如，为了在不接受电话预订的热门餐厅占一个座位，用户通常会很早去餐厅，甚至会找人替自己排队。通过观察用户的使用状态可以了解用户的体验或使用过程当中存在的问题。

3．观察类似行为来获得灵感

普通人不经意间的举动也许会给创新团队带来意外的灵感，关注用户某些类似的行为，能够帮助创新者们找到针对用户的创新灵感。

四、观察的工具

在创新行动中，应不带任何偏见和个人意愿去观察。APOEM 观察表是一个能够提示创新者进行多维度观察的探索工具。当团队成员聚焦在一个事件或某一个固定的时间段上时，可以分配不同的人执行不同的任务，或聚焦在不同的区域进行观察。

1．APOEM 观察法的内涵

利用 APOEM 观察法，对即将研究的问题背景和相关信息进行仔细观察，从五个维度对事实进行记录，获得要讨论主题的背景活动（actions）、人物（people）、物品（objects）、环境（environment）、信息（messages）等客观详细资料，充分理解主要解决的问题、使用的对象以及主题产生的根源。

2．APOEM 观察法的使用场景

（1）在进行主题探索，到达主题相关的现场进行观察的时候。

（2）在将获得的主题相关信息进行汇总的时候。

（3）在对观察的相关信息进行记录的时候，全面考虑五个维度，以防漏掉某个维度。

（4）在获得二手资料的时候。

【创新行动】

肖　像　画

行动准备

1. 时间：15 分钟。

2. 参与人员：指导老师、团队成员。

3. 工具：彩笔、A4 纸。

行动目标

通过肖像画活动提升团队成员的观察能力。

行动步骤

1. 团队成员围坐成一个圈。

2. 每人手里持一支笔、一张纸，并在纸上郑重地写下自己的名字。

3. 将纸传递给右边的人。

4. 指导老师发出指令：请画下对应的人的“脸”，并传递给右边的人；请画下对应的人的“眼睛”，再次传递给右边的人……直到把所有的面部器官都画完。

当所有的团队成员都画完以后，每个人手里都会得到一张根据不同人观察后画下的肖像画。

【创新行动】

外 出 观 察

行动准备

1. 时间:1～2 小时。

2. 参与人员:团队内分小组,2～3 人一组。

3. 工具:相机、手机、便利贴、纸和笔。

行动目标

配合使用本任务训练工具卡的 APOEM 观察表,聚焦某一个场景或者某一个固定的时间段,进行小组观察,将观察的结果利用 APOEM 观察表完成信息获取。

行动步骤

1. 每个成员就不同的任务或者聚焦在不同的区域进行观察。

2. 将观察到的人、物或者情景用相机或手机拍摄下来;将观察过程中听到的话和想到的灵感及时用纸、笔或手机记录下来。

3. 回到教室后,让同一个主题下的全部小组成员都聚集在一起,将人物、活动、物品、环境、信息进行分类并贴在 APOEM 观察表里,小组成员共享信息。同一类信息贴到一起,完全相同的撕掉。

4. 整体了解观察所获得的讨论主题,包括人员心态、情感、活动、信息交流,利用的工具、周围的环境等,并且直观地用图示表现出来,以便最终充分了解主题。

【训练工具卡】

APOEM 观察表

活动（actions）

人们在做什么？他们的有效活动是什么？

环境（environment）

描述周围的环境。他们依赖于哪些体验使得工作更有效？

人（people）

观察什么样的人？聚焦在哪几个人身上，请描述他们的特征。

他们显示出什么样的情感？反映出什么样的情绪？

物品（objects）

人们接触的或者手持的是什么？

什么时候使用这些物品？

如何使用这些物品？

信息（messages）

人们如何交流？他们说了或者传递什么信息？

训练工具卡

任务三　访谈研究

【新情境】

小李在校园内组织了一次主题为“健身需求调研”的访谈活动，邀请了校内的健身爱好者参与。通过深入交流，小李总结出同学们对健身设备的主要需求体现在三个方面：精准的数据分析、简洁的操作界面以及个性化的定制功能。此外，同学们期望健身设备不仅具备基本的运动数据记录功能，还要能够提供深度的数据分析与反馈功能，从而帮助他们提升运动效果和健康水平。

基于访谈结果，小李对同学们的需求进行了细致梳理，并研发出一款智能健身设备。这款设备能够实时监测用户的健身状况并生成进度报告，为用户提供更加个性化的健身方案。

访谈是继观察之后最为普遍的调研方法。为了深入了解人们所面临的问题，创新团队必须精心筹划一场访谈，并严格按照计划与用户讨论他们所关注的议题。在访谈过程中，创新者必须认真聆听用户提出的问题，并深入挖掘这些问题背后的根源。通过这种方式，可以更加准确地把握用户的需求和关注点，从而为创新团队提供更多的启示和思考方向。

【知识探究】

一、访谈的概念

访谈是获取信息的一个常用方法，是指与用户通过直接交流，进而挖掘需求的对话。访谈看似容易，却需要长时间的训练才能熟练掌握。访谈会从用户的基本情况入手，先了解用户的基本信息，为后续深入调研做预热和铺垫；进入正题后，通过开放性的问题让用户充分自我表达；最后逐步收敛，聚焦于问题的核心，了解问题背后的原因。简单来说，就是要从浅入深、由表及里。

二、访谈的形式

1．单个访谈

单个访谈的目的是让用户多讲，以了解他们的主题见解、问题阻力、难点、痛点等，让用户站在他们的角度，谈谈他们的日常活动、亲身体验等，发现团队应如何做才能满足他们的需求，进而发现用户的需求与提供的服务之间的差距，从而发现矛盾产生的根源。

2．群体访谈

群体访谈是指访问者邀请若干被访者，通过集体座谈的方式了解社会情况或研究社会问题的调查方法。群体访谈是一种了解情况快、工作效率高的调查方法，但对访问者组织会议的能力要求很高。另外，它也不适合调查某些涉及保密、隐私、敏感性的问题。

三、访谈提问的方法

访谈提问的方法一般分为开放式提问和封闭式提问两种。

1．开放式提问

通过提出开放式的问题，如“现在的状况如何”“用户不满意的原因是什么”等，可以获得讨论主题的整体视图；对于有疑问的地方，可以通过提问来搞清楚。开放式提问还可以了解用户的需求，以及用户服务的模式、流程、部门划分、职责等，发现差异并找出机会。

2．封闭式提问

封闭式提问的特点是问题的答案相对固定，通常只需要回答“是”或“否”等简单的答案。在商业交流中，封闭式提问通常用于获取用户的具体信息，如他们的购买偏好、退货情况等。这种提问方式有助于澄清和理解用户的需求和反馈。在访谈中，封闭式提问也有其优势，它可以确保访谈内容的聚焦性和深度，避免访谈偏离主题。同时，封闭式提问还可以帮助访谈者更好地理解用户的观点和态度，从而获得更准确的信息。然而，封闭式提问也有其局限性。由于答案的限制性，用户可能无法充分表达自己的想法和观点。此外，封闭式提问也可能会限制访谈的开放性和灵活性，使访谈过程变得过于机械和呆板，需要尽量避免。

因此，在访谈时，提问者需要根据具体情况进行提问方式的权衡和选择。

四、访谈的原则

1．深化问题，追求深度

访问者每次提问时应集中于单一问题并进行深入探究，理解其背后的原因。在追问过程中，应注重质量而非数量，逐步学会连续追问并尝试多次询问为什么。用户可能无法一次性阐明所有问题，因此访问者需要通过逐步提问的方式帮助用户更清晰地阐述问题。例如，可以通过连续提问“为什么”来获取深度递进的答案，此方法有助于用户表达更深层次的见解和原因。

2．注意非语言信息的传递

非语言信息主要包括语音语调及身体语言两部分。语音语调主要通过声音的音调和音量变化来传达信息。身体语言则包括身体姿态、面部表情和手势等传达的特定信息。在访谈过程中，对这些非语言信息的关注是非常重要的。因为它们往往能透露出用户对访谈内容的态度和情感。比如，如果用户频繁地看着手表，这可能意味着他们对访谈的时间感到不适，或者有其他紧急的事情分散了他们的注意力。这种情况下，访谈者需要考虑访谈时间是否过长、话题是否过于敏感或者用户是否有其他急迫的需求等因素。

3. 倾听

在访谈中，访问者其实扮演的是引导者的角色，引导用户尽可能真实地表达自己的想法。访问者最好避免打断，提问时要放慢语速，让用户尽可能连续地表达出更多的观点。用户只有在有机会进入角色，并思考访问者的问题时，才会提出有意义的观点。在访谈中可以适当地进行反馈，表示访问者在积极地聆听。此外，访问者应当忠实地记录访谈的内容。

五、访谈的工具

左右手栏是一项效果强大的反思工具，通过在对话与共享左右手栏的过程中了解自己及对方的假设，促进有意义的对话与探询，以此“看见”双方的心智模式在某种状况下是怎样运作的，暴露出双方看待问题的最原始的想法。

在填写左右手栏工具卡时，先把右手栏“我们所说的”按照真实发生的对话逐条记录；再将对应的左手栏“我想的”进行对应的联想。填好后进行左右对比，以洞察自己的内心假设，发现交谈中的“闪光点”。

【创新行动】

你说我猜

行动准备

1. 时间：10分钟。

2. 参与人员：团队成员。

3. 工具：猜题卡（可自备多个题目）。

行动目标

帮助成员们提高对于信息的表达与理解能力。描述者要充分调用自己的创造力与想象力，把词语背后的意思准确地传达给猜词者。

行动步骤

1. 每次派出2名成员参加，时限内猜中词语更多者获胜。

2. 一人描述，另一人猜词。

3. 每次限时2分钟。

4. 描述者可以用肢体语言和口头语言表达的形式向猜词者传达信息，但是不得说出词语中带有的字。

5. 猜不出可以喊过。

6. 其他成员不得提醒。

【创新行动】

制订访谈计划

行动准备

1. 时间:20 分钟。

2. 参与人员:团队内分小组,2~3 人一组。

创新行动:制订访谈计划

3. 工具:笔、A4 纸。

行动目标

为自己的访谈准备一个问题指南,小组成员合作共同创建一份访谈计划。如果需要比单张工作表更多的空间,可以用笔记本写下额外的问题。

行动步骤

1. 提出概览性问题。可以问哪些宽泛的问题来打开话题,让受访者活跃起来?

2. 提出更深入的问题。有哪些问题可以帮助提问者了解对方的希望、恐惧和抱负?

【创新行动】

访 谈 调 研

行动准备

1. 时间:1~2 小时。

2. 参与人员:团队内分小组,2~3 人一组。

3. 工具:笔、纸、便利贴、录音笔等。

创新行动:访谈调研

行动目标

通过用户调研发现问题,了解用户的痛点,从而为获得解决方案奠定基础。

行动步骤

1. 确定小组内分工。1 人主访,1 人副访,1 人负责拍照及记录。

2. 根据设计的主题或者需要解决的问题设计调研问卷。事先将问题发给相关人员,让对方知道调研的目的、内容和形式,以便做好准备。

3. 可以面对面访谈,也可以通过电话会议或者视频会议进行访谈;可以是一对一,也可以是一对多,还可以是多对多。

4. 访谈结束后,小组成员配合使用训练工具卡"左右手栏",将访谈的内容整理出来。

【训练工具卡】

左 右 手 栏

提问并按照下表记录内心活动与谈话记录。

我想的 （谈话中我想到的或感受到的， 但没有说出来的）	我们所说的 （真实发生的对话）

训练工具卡

任务四　实地体验

【新情境】

为了深入理解残疾人生活中的不便，设计师们会采取一些措施来模拟视觉和行动障碍的情境。例如，他们会佩戴一副带有雾气的眼镜，以模拟视障人士视物模糊不清的情形；或者在双腿上绑上重物，来模拟行动不便者的情况。通过这些体验活动，设计师们能够亲身感受到残疾人在日常生活所面临的各种困难和不便。

因此，除了观察他人的行为和进行访谈之外，通过亲身体验来获得最直观的感受也是一种非常有效的调研方法。这种方法有助于创新团队更深入地理解用户。

【知识探究】

一、实地体验的内涵

实地体验是一种有效的方式，通过亲身体验获取经验或感受，尤其强调创新者应站在用户角度思考问题。为满足此要求，创新者需要深入了解用户的生活工作环境，全面体验用户的各种情感。通过这种方式，创新方案能更真实、更贴近用户需求。

在实地体验过程中，创新者应具备耐心和谦逊的态度，深入感受用户的生活与工作状态，了解他们的需求和痛点。通过这种体验方式，创新者可以更全面地了解用户的需求，提供更贴心、实用的解决方案。

实地体验也是一种极为重要的沟通方式。在体验过程中，创新者可以与用户建立更紧密的联系，了解他们的真实需求和期望。同时，实地体验也有助于创新者更好地理解用户说话时的语境和情感，提升与用户的沟通效果。

【数字新时代】

智能医疗助手的贴心服务

智能医疗助手是一种运用人工智能和大数据技术，旨在为医生和病人提供个性化医疗服务的系统。通过收集病人的病历、症状、生活习惯等数据，该系统能够全面评估病人的健康状况，并利用机器学习和自然语言处理等技术，自动分析数据并给出初步的诊断建议。

此外，智能医疗助手还能为医生提供个性化的诊断和治疗方案。根据病人的健康状况和医生的专业领域，该系统会推荐相关的诊断方法和药物处方，并提供相关的医学文献和专家意见，以帮助医生做出更准确的诊断和治疗决策。

同时，智能医疗助手还能为医疗机构提供数据分析和预测服务。通过对大量数据进行分析和挖掘，该系统能够预测疾病的流行趋势、发展情况以及医疗资源的利用情况等。这些信息有助于医疗机构提前做好防控措施和资源调配，提高运营效率和服务质量。

为了确保创新医疗方案和智能医疗助手的各项功能能够贴近用户需求，设计者必须深入了解用户的生活工作环境，全面体验用户的各种情感。

二、实地体验的原则

实地体验应遵循以下原则：

1．体验角色，成为用户

在体验过程中，通过亲身扮演用户，创新者能够更深刻地体会到用户所面临的痛点和需求，以及创新所带来的实际价值。以身临其境的方式深入了解用户需求，融入用户角色，以实现更加精准、贴心的服务。这种体验方式，不仅有助于提高服务质量和用户满意度，还能够激发创新者的灵感和动力，为未来的产品和服务带来更多的创新和突破。

2．忘记分析，尝试感受

创新者应当摒弃单纯分析的思维方式，而是要积极尝试去感受。由于创新流程的固有局限性，同理心往往只能停留在理论层面。如果创新者过于依赖事实分析，对目标人群进行抽象思考，那么将很难激发出创新的灵感和智慧。所以创新者在体验过程中，需要充分利用感官去感受。

3．从资深用户角度开始创新

由于具有更深入的使用经验，资深用户最有可能对产品有一套创新想法，如果创新者本身是资深用户，则会更容易发现新的机会。

创新行动：现场探索

【创新行动】

现 场 探 索

行动准备

1. 时间：20 分钟。

2. 参与人员：团队内分小组，2～3 人一组。

3. 工具：笔、白纸、便利贴、相机、录音笔。

行动目标

走近用户进行体验，充分感受用户的需求以及痛点；更多地了解用户不理解和困惑的地方，找到满足用户需求或者超越用户需求的解决方案。

行动步骤

1. 确定小组内分工。1人负责体验,1人负责拍照,1人负责记录。

2. 走近用户,或者是用户的用户,站在用户角度考虑问题,而不是凭想象或画草图。

3. 以各种不同的角色站在用户的角度进行体验。

4. 每个人将在体验中发现的问题,包括流程、环境、标志、产品、服务等记录下来。

5. 进行讨论汇总,配合使用训练工具卡"典型的一天",分享和处理这些原始体验数据,确保可以辨识这些新的想法,发现问题。

【训练工具卡】

典型的一天

时间	活动（我观察到的）	记录（我想到的）

训练工具卡

德技并修

“声活”——为听障人士在无声世界中建立对话

“声活”App是由听障人士邱浩海、韦创军以及手语翻译志愿者陈明星等人组成的特殊创业团队所打造的全国首个听障群体的垂直社交分享平台。该平台可帮助听障人群与健听人群进行实时交流以及沟通分享。

“声活”App诞生于2013年5月。当时,邱浩海患感冒去社区卫生院看门诊,由于医生看不懂手语,双方只能通过纸笔进行交流。这个问题一直困扰着患有听障的邱浩海和他同样患有听障的好友韦创军,于是他们决定开发一款可以改善听障人沟通的软件,解决交流困难的问题。于是,他们招聘手语翻译、IT技术人员等创业所需要的人才成立团队,开始研发适合听障人士社交需求的“声活”App。

经过市场调查,邱浩海发现已有的为听障人士服务的App不是由听障人士开发的,难以满足听障人群的真正需求。于是,他决定从听障人群的需求入手,设计专门的手语表情,让听障人群沟通起来不再有障碍。

手语翻译志愿者陈明星在上学的时候就对手语很感兴趣,他经常流连于学校的手语角,并在那里认识了邱浩海。于是,他也加入了这个特殊的创业团队。一些同学对陈明星表示不理解,但陈明星感到很开心,因为他在团队里学到了很多东西。如今,已经毕业的陈明星负责“声活”公益活动中的执行工作。

经过几年的打拼和沉淀,“声活”App在功能上已经比较完备,其首页提供的线上语音实时翻译功能,准确率高达80%。此外,还为听障人士提供时事资讯、线下相关活动的开展及报名等功能,以增强听障人士的社交黏性。目前,“声活”App的关注者不断增长,遍布全国各地,帮助许多听障人士更顺畅地与外界进行交流。

案例思考

“声活”App主要通过哪些方式获取了用户的真正需求?

创新之光

北京正负电子对撞机:我国第一座高能加速器

1988年,科学家们经过不懈努力,终于成功研制出了我国第一座高能加速器——北京正负电子对撞机。这是我国高科技领域的一项重大突破性成就。这一科技创新突破为我国的科技事业注入了新的活力。

改革开放以来，我国大科学工程蓬勃发展，以北京正负电子对撞机为代表的重大科技成果，极大地推动了我国基础研究和战略高技术的发展，促进了我国经济、国防和社会事业的发展，为实现国家目标做出了重大贡献。北京正负电子对撞机在物理、化学、生物、天文、医学、半导体等许多方面有广泛的应用场景。

党的二十大报告指出，"我们要增强问题意识，聚焦实践遇到的新问题"。在北京正负电子对撞机的发展历程中，科学家们面对的挑战和问题层出不穷。他们需要解决如何提高加速器的能量、如何提高对撞效率、如何降低辐射剂量等一系列技术难题。同时，他们还需要面对实验物理学家们对实验结果的高要求和严标准。这些问题的解决不仅需要科学家们具备深厚的专业知识和技术功底，更需要他们具备勇于探索和创新的精神。

项目五

洞察创新机会

【学习目标】

素养目标

- 在洞察创新机会的同时树立以人为本的价值观
- 建立真实世界事物之间普遍联系的正确感知

知识目标

- 了解信息整合的概念与方法
- 熟悉用户洞察的概念
- 掌握用户分析的方法与工具

技能目标

- 能够对信息进行分类与整合
- 能够提炼信息
- 能够揭示因果关系
- 能够进行换位思考

【项目导读】

当创新者和观察对象站在相同的立足点上后，才能获得真正的创新需求。洞察既是进行了换位思考之后，获得用户内心想法的关键之处，也是帮助创新团队找到真正挑战的重要步骤。

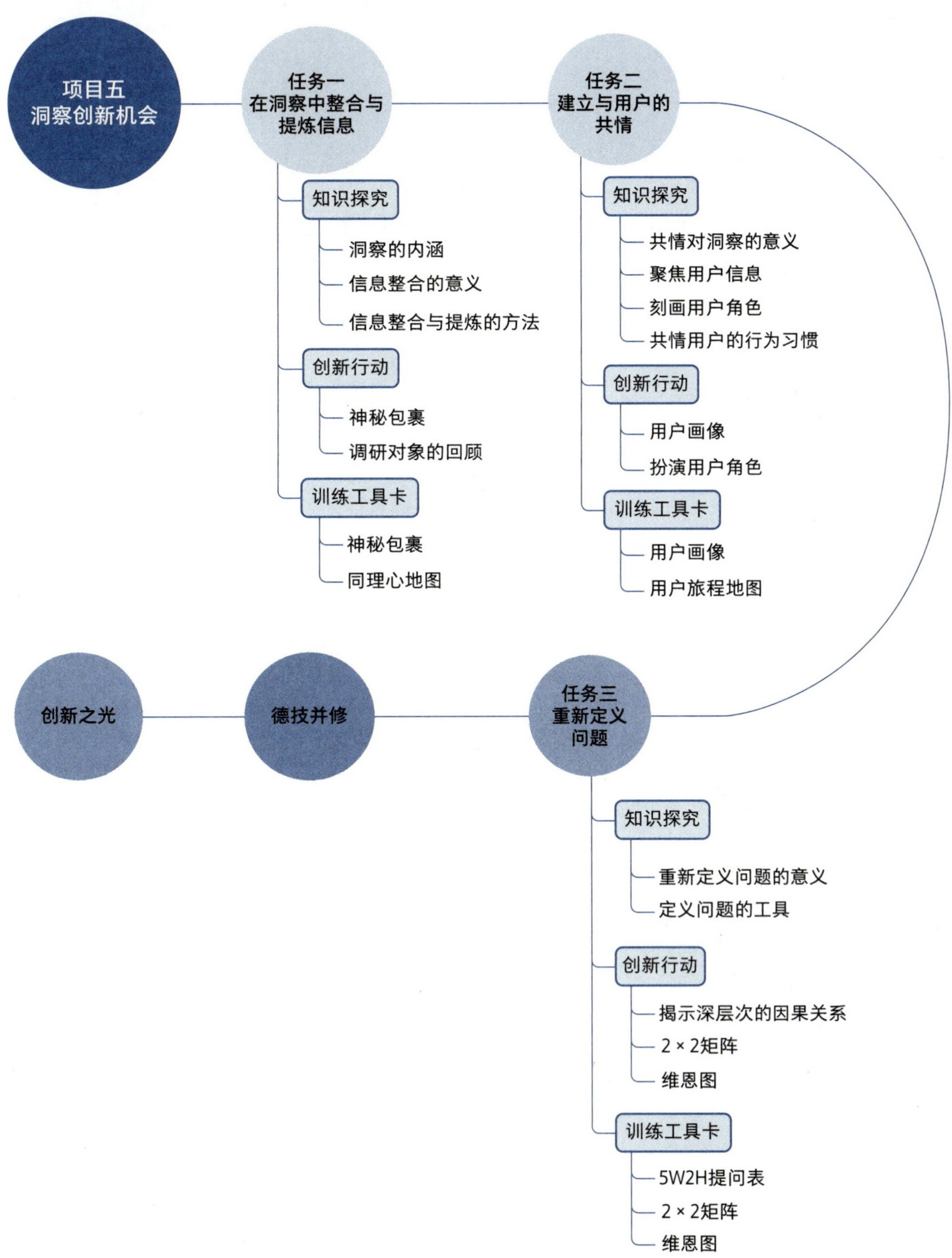

任务一　在洞察中整合与提炼信息

【新情境】

在研究治疗特定疾病的方法时，医院需要深入了解患者的病情以及治疗效果，以便为每位患者量身定制最合适的治疗方案。这一过程中，换位思考起到了不可或缺的作用。

医院可通过医疗系统、问卷调查、面谈等方式收集患者的病历和治疗记录，然后从这些信息中提取出关键要素，如患者的病情严重程度、正在接受的治疗方案以及治疗效果等。此外，还应进一步深入了解患者的病情和治疗效果，可以邀请患者分享他们的治疗经历和感受，以发掘治疗方案的优化空间。

当创新者完成了调研之后，应通过换位思考建立起洞察的桥梁。换位思考是指借助他人的视角理解世界、体验他人的经历并感知他人的情感，它是一种深入式的努力。事物的本质往往隐藏在大量信息之中，无法一目了然。因此，在进行洞察之前，创新者们需要做好充分的准备工作，从收集到的资料中整合并提炼所需的重要信息。

【知识探究】

一、洞察的内涵

洞察是创新活动的关键来源之一，通常它并非来自定量的数据，因为数据只能精确测量已有的东西，提供已有的信息。一个更好的洞察人手点是走进这个世界，去体察人们如何度过他们的每一天。人们的实际行为能为创新者们提供宝贵的线索，帮助他们探查出那些未被满足的需求。创新的答案并不会藏在某个地方等待创新者们去发现，而是蕴藏在团队的创造性工作中。

二、信息整合的意义

通过用户访谈记录下来的文字、图像和视频等资料都是松散的，甚至某些部分的内容单独看上去还是相互矛盾的。完整而全面地对访谈收获进行记录并分类，是创新者们在结束访谈后首先要做的工作。创新者们常常会犯一个错误，就是把客观事实和主观印象相混淆。在调查过程中，创新者们的个人经验和偏好可能会扭曲他们所听到、所看到的事项。这也是为什么在创新过程中，还原调研过程一定要使用用户的原话。为了理清复杂事物的脉络，要将一开始发散得到的大量信息化繁为简地进行处理。

三、信息整合与提炼的方法

1. 信息拆解

信息拆解，在这里特指在团队成员之间分享信息并逐条记录下来。记录信息的常用工具是便利贴和白板。先在每张便利贴上用马克笔记录一项信息，确保内容清晰而醒目；再将其粘贴在白板上供团队中的所有成员阅览，便利贴可以灵活调整位置，进行排列组合。如果在开始这项工作之前，团队预先商量好使用不同颜色的便利贴，分别记录不同种类的信息，在之后的分类环节将收到事半功倍的效果。尽量用视觉化的方法来呈现信息，如把照片、访谈记录等资料张贴在宽大的白板上。

2. 讲故事

单纯地罗列大量信息，不仅会让听众昏昏欲睡，也会让汇报者感到枯燥，尤其是当这些散乱的信息之间缺乏关联的时候。人们喜欢听故事，因为故事能让事物建立起联系，把零碎的信息有机地组织起来，还可以有效地反映用户的情绪和情感，使听众被打动或产生共鸣。

最常见的讲故事方式是按照时间顺序叙述。在串联一系列先后发生的有因果联系的事件过程中，可以在每一个重要节点上评估用户的偏好，并回想在观察和访谈中，是否记录下来用户在使用产品或接受服务的每一个触点上的反馈。其中，正面的反馈称为兴奋点，而负面的反馈则称为痛点。

在讲故事的过程中，能够在理性的反思中发现各种信息背后反映出来的“典型”和“矛盾”事物。

典型是指多次呈现的东西，即事物所反映出来的一致性。例如，访谈用户甲、乙、丙的时候，注意到他们都说过一句类似的话，或者有类似的一种生活习惯，或者是都对某种事物感到担心……这种反复被提及的问题就可以被记录为反映共性的典型内容。

矛盾是指潜在的对立、冲突或不一致。有时在调查的现场可以注意到一些醒目的矛盾，但更多的是整理信息的过程中发现的一些可能被忽略的矛盾。比如说，所观察到的信息和在去访谈之前所预想的信息有明显的差异，或者是通过接触用户发现，记录到的信息和人们日常从大众传媒获取的认知有巨大的差异。这时就需要反思为什么会有这样的冲突与矛盾。

3. 信息分类

为了理清复杂事物的脉络，要将一开始通过发散得到的大量信息化繁为简，最基础的步骤是采用两分法进行分类。两分法是指每次采用一个能形成互斥的标准，将所有材料明确地归类到其中一边，不可有模糊和重叠。例如，用户提供的正面反馈和负面反馈，外部影响因素和内生的动因，昂贵的解决方案和便宜的解决方案，等等。两分法是最简单的分类方法。对一个信息元素作初步认识并将其归到某一类别的判断，用到了人的线性思维：从原点向左划分为一类，向右则属于另一类。

除此之外，还有一个强大的信息分类工具：同理心地图（Empathy Map）。这个工具充分反映了以人为中心的理念是如何落实到设计实践中的。在整理零散的信息时可以将信息分成四个象限：一边分别是用户说了些什么（say）以及他是怎样做的（do），另一边分别是体会到的用户的感觉（feel）以及用户的想法（think）。后一部分要求创新者不仅要在现场观察和与用户交谈，还要去模仿、充当用户的角色，为其所为，想其所想，亲身体验产品和服务。

【创新行动】

神秘包裹

行动准备

1. 时间：30 分钟。

2. 参与人员：指导老师、团队成员。

3. 工具：含有 20 种物品的包裹、彩笔、A4 纸。

行动目标

通过观察，学会进行信息分类，能理解或联想出关联的故事。

行动步骤

在“神秘包裹”练习中，每个团队会得到一个包裹，包裹里有二十多种物品，对此要完成以下两个任务。

1. 在熟悉了包裹内容之后，各团队先将包裹里的物品分类。要求在限定的时间里必须找出尽可能多的分类方法，分类三次以上之后，各团队分享每次分类所采用的标准。

2. 尽可能地使用这些物品的信息“构建”其背后的一个主人，给这个人起个名字，估测这个人的年龄、收入、工作、兴趣爱好、日常打交道的人、短期目标和长远的梦想等。结合手上的物品写一个关于这个人的故事，展示物品背后的这个人的特征。可以是这个人的一天、一段旅行、一次难忘的经历、一项服务的体验、一种产品的使用过程等。

【训练工具卡】

神 秘 包 裹

分类 1	分类 2	分类 3

人物构建

训练工具卡

【创新行动】

调研对象的回顾

行动准备

1. 时间:1 小时。

2. 参与人员:团队内分小组,2~3 人一组。

3. 工具:便利贴、纸、笔、同理心地图训练工具卡。

创新行动:调研对象的回顾

行动目标

运用同理心地图训练工具卡回顾调研对象,将收集到的零散信息以象限的形式整理出来,通过观察访谈的内容,推断出用户群体的信念和情感,帮助创新者更好地理解需求。

行动步骤

1. 在表格的中间画上一个圆圈标上研究的角色。如果是人,就写上这个人的姓名;如果是部门,就写上部门的名称。这里的角色是指调研主题相关的被观察者以及被访者。

2. 与角色相关的区域分成四份,分别标注为说过的、做过的、想到的、感受到的。

3. 以小组为单位代入角色身份来描述角色在各个部分的经历与经验,以及小组在调研当中所观察到、感受到的信息。

4. 将小组的意见综合起来,确定该角色到底想要什么,以及驱动该角色的要素有哪些。

【训练工具卡】

同理心地图

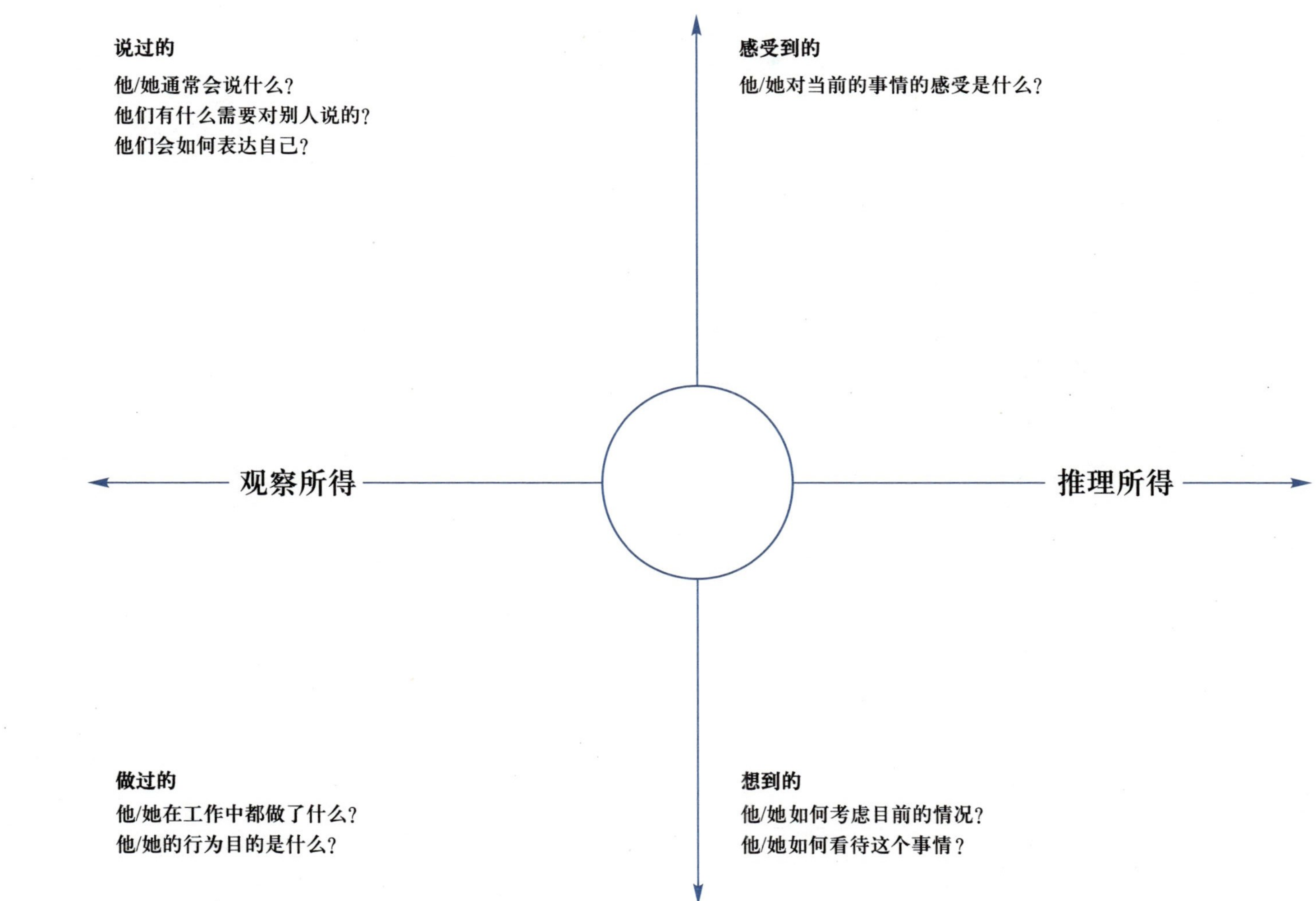
说过的
他/她通常会说什么？
他们有什么需要对别人说的？
他们会如何表达自己？
感受到的
他/她对当前的事情的感受是什么？
观察所得
推理所得
做过的
他/她在工作中都做了什么？
他/她的行为目的是什么？
想到的
他/她如何考虑目前的情况？
他/她如何看待这个事情？

训练工具卡

任务二　建立与用户的共情

【新情境】

在第一章设计思维的创新活动“设计一个理想的手机”中，同学们学习了如何理解和聚焦用户，在此期间我们多次重构了挑战。参与者最初接到的任务是设计理想的手机，每个人都基于自己的经验和想象，绘制了手机的草图，这是一种典型的、传统的从问题到解决方案的直觉式设计方法。而在创新思维的运用中，更多的是希望超越传统，跳出直觉。在完成第一个环节之后，要求每个人为自己的团队成员设计一个理想的手机，此时创新设计挑战实际上已经被重新表述为“为他人设计一个理想的手机”。随着工作的深入，大家围绕手机的主题，连续对用户进行访谈，查看团队成员手机里有些什么内容，观察他使用手机的细节，通过倾听他与手机有关的故事，体会对方的情绪和情感。总结用户需求，提炼其背后的洞察，当同学们在理想的手机的设计流程卡上写下以队友为主语的那一句话时，同学们既是与用户建立了共情，也是在重构中进一步聚焦了用户。

要进行洞察这一脑力密集型的活动，对问题深入的探索是必不可少的。其中，与用户建立共情是获得准确洞察线索的关键。创新团队只有充分地运用多样化的洞察工具，进行有效的洞察，才能化解事物的复杂性，通过共情揭开用户需求的面纱，使之成为撬动创新的支点。

【知识探究】

一、共情对洞察的意义

洞察的目标在于让创新工作更明确、更聚焦，而共情是为了达成对创新主题和用户更深入的理解，在洞察阶段是非常必要的。在之前的观察阶段，创新者们会尽可能地收集大量一手的感性材料，并运用理性思维从纷繁的信息中提取价值，通过整理用户观察过程中收集到的大量信息，收敛研究的范围。而在共情环节中运用的工具常常能让创新者们摆脱浮泛的、表面化的见解，更聚焦问题的描述，并进一步确立创新的方向。

二、聚焦用户信息

完成了信息的收集之后，在创新团队的讨论板上经常会有几十条，甚至上百条信息，应该以不同的标准对信息进行分类。在整理信息的同时应该通过共情找出用户的需求，这些需求可能是由用户主动提出的，也可能是调研者在观察中发现的。

在创新者们讲述访谈心得的时候，经常会说起那些有趣的、奇怪的、令人吃惊的甚至是让人感到无聊的东西，这些信息为什么会有趣、奇怪、令人震惊、令人感到乏味呢？对这些问题的思考常常会将创新者们引向更深刻的共情。

为了在之后的创新环节有更明确的行动目标，创新者们要对每个项目开始时所提出的任务做进一步的共情与聚焦。新的问题描述既可以是从用户角度表达的要点聚焦，也可以从创新者角度表达新的挑战。在创新思维里二者是一致的，只是对表述的出发点有不同的侧重。

三、刻画用户角色

虽然创新挑战在一开始就决定了用户是谁，但在实践的过程中会发现，在调研结束后有时仍会纠结于用户到底是谁这个问题，仅仅用“学生”“医生”“妈妈”这样的身份名词叙述用户还不够，还要在信息整合的阶段给用户加上定语。对用户特征的描述可以直接从整理的访谈信息中选择具体的形容词，也可以有意识地进行归纳和抽象。明确用户会帮助创新者们将后续工作的范围收窄，让创新的目标更加聚焦。

刻画用户角色通常使用的工具是用户画像。作为一种刻画目标用户、联系用户诉求与设计方向的有效工具，用户画像在各个领域中都得到了广泛的应用。作为实际用户的虚拟代表，用户画像所形成的用户角色并不是脱离产品和市场之外所构建出来的，形成的用户角色需要有代表性，能代表产品的主要受众和目标群体。在实际操作的过程中，往往会将浅显的和贴近生活的话语与用户的属性、行为与期待的数据转化联结起来。

四、共情用户的行为习惯

用户的真实需求往往可以从用户本身的行为习惯中找到答案。用户旅程地图这种思考工具可以帮助创新者们更好地共情用户的行为习惯，了解用户痛点。

用户旅程地图的使用方法是：① 从用户角度出发，以叙述故事的方式描述用户使用产品或接受服务的体验情况；② 以可视化图形的方式展示，从中发现用户在整个使用过程中的痛点和满意点；③ 提炼出产品或服务中的优化点、设计的机会点。该工具可以让创新团队了解用户使用过程中的行为与想法，让他们能够更好地从用户角度去考虑产品、设计产品。

用户旅程地图适用于：在信息整理阶段，希望对用户的需求充分了解的时候，特别是服务行业或者零售行业进行产品服务、流程、运营等设计时，需要了解用户的行为和痛点的时候；希望充分了解用户的行为痛点，以及行动的周边环境接触点等，从而改善这些环境，让用户满意的时候；希望充分理解用户的痛点，从而找到解决客户痛点方案的时候，等等。

在用户旅程地图中包含的要素有以下几点：

1. 研究对象

研究对象是指研究主题中的利益相关者。例如，在研究如何提升学校食堂的就餐满意度时，相关的研究对象就包括学生、老师、厨师、打饭阿姨等，但是最主要的研究对象是学生。

2. 人物角色

人物角色代表了研究主题中最主要的用户特征。例如，在学校食堂就餐的学生，其人物角色的年龄大约在 20 岁，特征是戴眼镜、爱吃辣等。

3. 行为

行为是指用户所做的与讨论主题相关的日常活动。比如学生下课去食堂打饭需要先排队。

4. 心态

心态是指人物角色在每个步骤对应的心理活动，如在想什么，担心什么等。比如在食堂吃饭的学生，会因为排队打饭时间太长而担心上课迟到。

5. 接触点

接触点是指用户的每个行为及其在哪里接触，或者使用哪些工具，发生在什么环境。比如，学生打饭一定要使用饭卡，或者一定需要在固定窗口由工作人员打饭等。

6. 想法

想法是指通过信息整理观察到的用户需求。

【数字新时代】

利用数字技术提升用户就餐体验

创新团队必须全面、深入地运用多元化的洞察工具，才能真正化解事物的复杂性，穿透认知的迷雾，揭开用户需求的面纱，提出有效的洞察，并使之成为推动创新的支点。

美团外卖正是这样的一个例子，它运用大数据和人工智能技术，对用户进行精准画像，深入了解用户的口味、偏好、消费习惯等信息，为用户提供个性化的菜品和服务。同时，美团外卖还通过智能推荐和预测等技术，提高用户的满意度和商家的销售量。此外，美团外卖还采用了智能调度系统和高效的物流体系，确保了餐品的及时送达，提供更好的用户体验。

美团外卖巧妙地利用数字技术和创新思维解决了现实问题，充分展示了先进技术在商业领域中的重要作用。这也为其他企业提供了一定的借鉴和启示，引导企业走向更加数字化、智能化的未来。

【创新行动】

用户画像

行动准备

1. 时间：1 小时。

2. 参与人员：团队成员。

3. 工具：大白纸、便利贴、笔。

行动目标

对用户进行令人信服的全面描述。团队成员可通过本活动获得各种性格类型的用户描述，作为经历和研究成果。用户画像工具通常与应用场景相结合。

行动步骤

1. 创建假设。基于上一阶段的调研，依据项目领域内的不同用户创建一个大致的构想，包括他们彼此有什么不同。在此处可以利用同理心地图的信息创建假设。

2. 确定数据。团队需要决定创建多少个用户画像。通常大家会希望为产品服务创建许多个用户画像，但针对最初的目标只需要先创建一个用户画像即可。

3. 描述用户画像。一个人物角色应包含以下信息：姓名、人口统计数据（包括年龄、性别、家庭状况、家庭规模、受教育程度、职业、职务、行业、收入）、长相或人物照片、兴趣、偏好和爱好、技能、经历（包括个人经历和职业经历）、日常任务（包括工作和生活中的任务）、反感的事物、总体态度（包括责任心、耐心等）、人物目标、期望（对于产品的）、面对用户的角色等。

4. 为用户画像提供场景。用户画像法的目的是创建描述问题如何解决的场景。因此需要描述一些使用产品或服务的情节。可以用画像角色的特点来创造场景，赋予每个角色生命，将用户画像放在一个特定的场景中，假设他 / 她想要或者需要去解决某个问题。

【训练工具卡】

用户画像

<table>
<tr><td rowspan="2">用户头像</td><td>角色名字</td></tr>
<tr><td>基本信息（包括年龄、性别、职业）</td></tr>
<tr><td colspan="2">角色曾说过的话</td></tr>
<tr><td colspan="2">角色的态度、价值观</td></tr>
<tr><td colspan="2">角色的目标与期待</td></tr>
</table>

训练工具卡

【创新行动】

扮演用户角色

创新行动：扮演用户角色

行动准备

1. 时间：1 小时。

2. 参与人员：团队成员。

3. 工具：便利贴、圆点贴、3 张大白纸、笔、用户旅程地图训练工具卡。

行动目标

理解用户的内心感受，融入用户的生活，感受用户的行动、体验、情感；探索、记录用户与创新主题相关的旅程，即工作、生活、行动计划等；体会他们的痛点，发现主题真正的意义；揭示未知的用户需求并实现超越；产生新的想法，获得新的设计结果，解决用户的真正痛点。

行动步骤

1. 将 3 张大白纸分成三大部分。第一部分在左边，占一张纸，在其上半部分的左上角写上“研究对象”，在下半部分的左上角写“人物角色”。第二张大白纸放在第一张大白纸下方，分为上中下三等份。最上面标注“行为”，在中间标上“接触点”，在下面标上“心态”，这是第二部分。右边的一张纸是第三部分，在纸上标上“想法”。（内容与布局参考用户旅程地图训练工具卡）

2. 团队中的每位成员用笔在便利贴上写出自己认为与该主题相关的用户，然后贴在白纸上，让大家讨论哪个是关键的对象。

3. 讨论出一个关键对象的人物代表，将其称为角色并为其命名，写出其特征，如性别、爱好、年龄以及与主题相关的情感、性格等。

4. 每位成员都代入这个角色，将角色的行为列出来写在便利贴上，贴到对应的行为栏中。先将重复的删掉，再排列顺序，使其行为尽量与角色的日常行为一致。

5. 对于每一个行为，找到相应的担心、痛点、需求等，写在“心态”栏里。

6. 将每个行为对应的接触点写到“接触点”一栏。

7. 团队成员讨论得出“心态”栏中角色的关键痛点，贴上圆点贴。

8. 充分理解该角色的心态、行为、接触点。所有成员转换角色，站在创新团队的角度想点子。

9. 共情研究对象，换位思考，站在用户的角度，发现他们的痛点、需求和担心。

10. 综合所有的信息，形成一个或几个团队的观点，并设计出多个解决方案。

【训练工具卡】

用户旅程地图

研究对象：

主题中的利益相关者的典型代表

人物角色：

性别/年龄/职业/爱好……

行为

与讨论主题相关的日常活动

接触点

每个行为及其在哪里接触，或者使用哪些工具，发生在什么环境

心态

在每个步骤对应地在想什么、担心什么等

想法：
通过信息整理观察到的用户需求

训练工具卡

任务三　重新定义问题

【新情境】

一家公司准备开发一款新的社交媒体应用，其初衷是为目标用户提供一个便捷、安全且富有趣味性的社交平台。在进行重新定义问题的过程中，该公司意识到需要从不同的角度去观察和审视这一问题。为此，该公司收集了资料并重新审视其初衷。

在深入调研的过程中，该公司首先收集了用户的反馈和意见，发现用户对于社交媒体应用的安全性和隐私保护格外关注。为此，从技术和法律的角度出发，该公司重新审视了应用的安全性及其隐私保护措施，并进行了相应的优化。此外，他们还意识到社交媒体应用的内容管理也至关重要。因为不良内容会影响用户体验和公司的品牌形象。为此，他们从内容管理的角度出发，对应用的内容审核和管理流程进行了优化。

通过这些探索和改进，该公司意识到，除了对用户和利益相关者进行初步理解，还需要对情境有新的认知，这样才能更有效地研究关键问题。经过持续的探索和优化，最终该公司设计出了一个更加安全、有趣且实用的社交媒体应用。

重新定义问题，应从重构过程开始，即项目团队从其他视角出发观察问题，并利用多种思考工具收集资料，重新审视最初的目标。项目团队要多次进行探索，以获取更多与主题相关的信息。

【知识探究】

一、重新定义问题的意义

创新项目刚启动的时候，团队通常对创新主题不甚了解，因此必须通过调研来了解相关问题。而进入本阶段后，团队将从不同的视角详细研究尚未解决的问题。这样便能够消除问题理解的思维定式，通过创建对于情境的新认知，识别解决问题的创新途径。在建立共情阶段，团队已收集了有关某个产品、某项服务或某个过程的很多不同的资料，其中大多是关于主题的一些不同认识和假设。团队在此阶段将经历一种转变，前面所收集的资料将被有效分析和应用，这时团队中会有更多新的观点融入其中。

二、定义问题的工具

根据目标、任务和过程的不同，本阶段将采用大量的定义问题的思考工具，帮助创新者将感性的信息变为理性的思考。

1．5W2H 分析法

5W2H 分析法又叫七问分析法，该思考工具易于理解和使用，具有启发意义，广泛用于企业管理和技术活动，对于决策和执行性的活动措施非常有帮助，也有助于弥补考虑问题中的疏漏。

提出疑问与发现问题并解决问题是极其重要的。创造力高的人，都具有善于提问的能力，提出一个好的问题，就意味着问题解决了一半。提问题的技巧高，可以发挥人的想象力。在运用 5W2H 分析法设计新产品时，创新者们常常提出：为什么（Why）；做什么（What）；谁来做（Who）；何时（When）；何地（Where）；如何做（How）；多少（How much）等问题。这就构成了 5W2H 法的总框架。

5W2H 分析法的主要优势在于：

（1）可以准确界定、清晰表述问题，提高工作效率。

（2）能够有效掌控事件的本质，抓住事件的核心进行思考。

（3）有助于思路的条理化，杜绝盲目性。

（4）有助于全面思考问题，从而避免在流程设计中遗漏事项。

2．2×2 矩阵

2×2 矩阵是分析不同主题的工具，尤其适合对已提出的见解或想法进行分类，识别其中的模型，或者将内容与目标群体的需求进行比对。2×2 矩阵有助于简化决策。主要在小组讨论时使用，用于对讨论后的信息进行梳理。2×2 矩阵的结果呈现为一个由 2×2 格组成的图形，其中每个区域代表一个维度，见解（或想法）将被归入这些维度中。结果是根据上述维度对于见解（或想法）的简单评估。2×2 矩阵的优点和缺点有：

（1）2×2 矩阵的优点包括：能够快速进行概述；清晰地呈现关联关系；为接下来的行动决策奠定良好基础。

（2）2×2 矩阵的缺点主要是不容易选出合适的维度。

3．维恩图

维恩图也叫文氏图，用于显示元素集合重叠区域的图示。借助维恩图，可以根据关系和联系，对数据、信息或单个元素进行分类、组织和安排。在此过程中，可以获得有关元素相似性、依赖性和邻域性的重要认知。在维恩图中，如果有论域，则以一个矩形框表示论域。各个集合就以圆或椭圆来表示，两个圆或椭圆相交，其相交部分表示两个集合的公共元素，两个圆或椭圆不相交，则说明这两个集合（或类）没有公共元素。维恩图的优点和缺点如下：

（1）维恩图的优点包括：识别问题定义之间的关联；识别创新潜力；特别适合研究事实和问题，收集解决方案；分析、提取新的设计可能性。

（2）维恩图的缺点包括：需要有经验的主持人和团队参与者；问题复杂度越高，对贡献进行总结和归类的难度就越大。

【创新行动】

揭示深层次的因果关系

创新行动：揭示深层次的因果关系

行动准备

1. 时间：40 分钟。

2. 参与人员：团队成员。

3. 工具：便利贴、纸、笔。

行动目标

通过 5W2H 的反思提问法来发现未知的事实，揭示事物背后的因果关系，洞察用户真实的需求。

行动步骤

1. 横向贴上白纸，每个人拿着一支笔和便利贴，将与主题相关的任何想问的问题写在便利贴上。

2. 将便利贴贴到大白纸上。

3. 将问题按照训练工具卡的 5W2H 提问表进行分类。

【训练工具卡】

5W2H 提问表

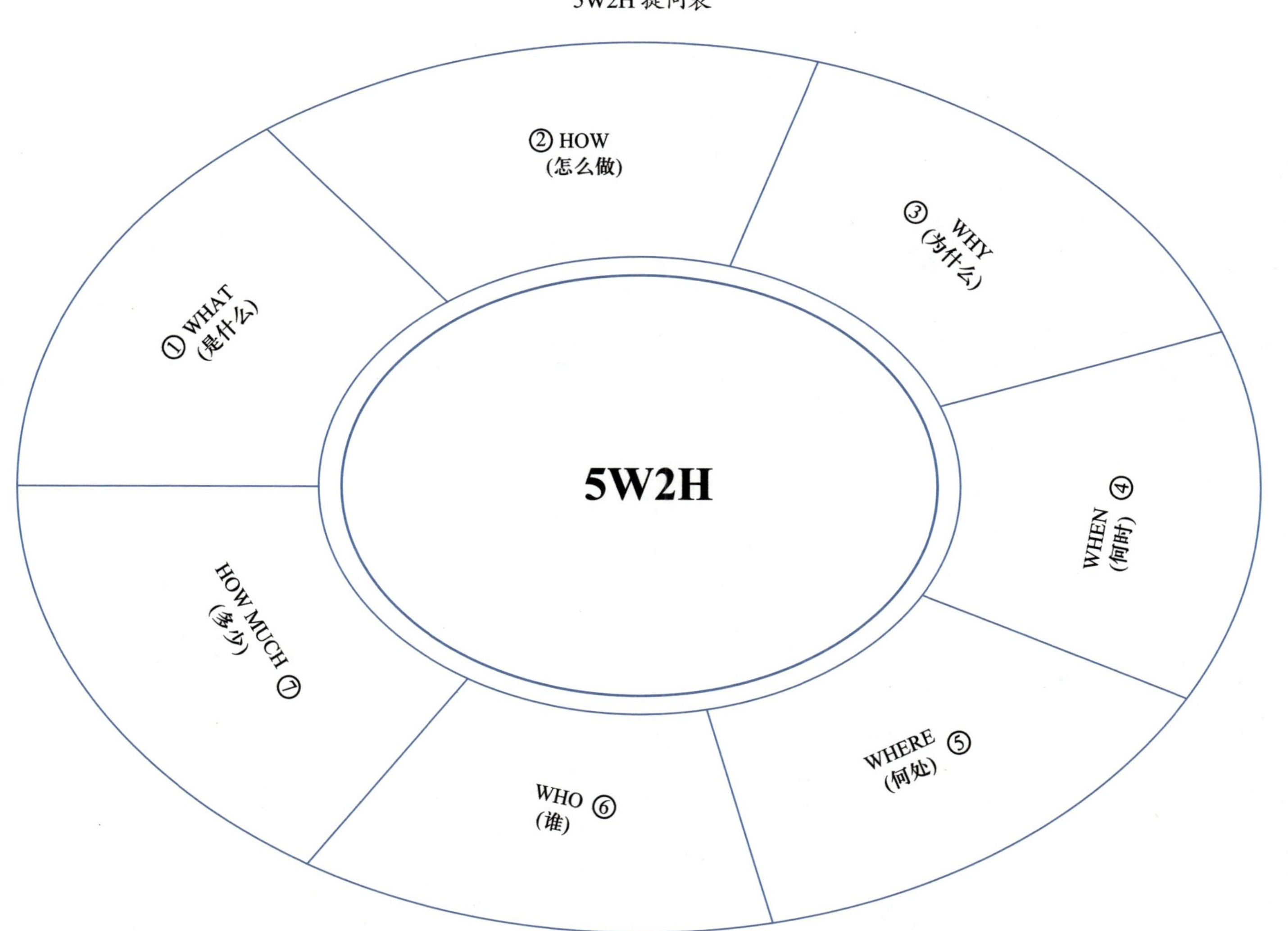

训练工具卡

【创新行动】

2×2 矩阵

行动准备

1. 时间：15 分钟。

2. 参与人员：团队成员。

3. 工具：大白纸、便利贴、笔。

行动目标

对见解或想法进行分类，识别模型，简化决策。

行动步骤

1. 画一个 2×2 矩阵。

2. 请思考哪两个特征能更好地区分见解和想法，然后将这两个特征列入矩阵的两个维度中（分别对应矩阵的两条轴）。例如，为评估见解，可以将具有相关经历的人的年龄记录在一个维度上，而将对主题的熟悉度置于另一个维度上。

3. 选出对自己而言重要的见解或想法，将其放入矩阵中适当的空格内。

4. 思考在何处可能形成有意义的群组，寻找群组间的相似性和模型。

5. 后退一步，观察矩阵，思考：有没有形成相互关联的群组？哪些象限特别满或特别空？不同特征之间是否存在关联？

【训练工具卡】

2×2 矩阵

训练工具卡

【创新行动】

维　恩　图

行动准备

1. 时间:20 分钟。

2. 参与人员:团队成员。

3. 工具:大白纸、便利贴、笔。

行动目的

根据关系和联系对数据和信息分类。

行动步骤

1. 倘若待分类的概念、信息或想法尚未确定,请借助头脑风暴进行思考和收集。

2. 与头脑风暴类似,请在便利贴上写下尽可能多的信息或概念,并将相似的概念归入相应的群组中。

3. 为每个群组寻找一个合适的上级概念。如概念较多,可额外构建分组。

4. 请在白板上以清晰明了的形式呈现群组。如有必要,可另为群组添加标记(如圆环、云朵、箭头等),以表明关联。

5. 在分类的基础上,制作或描绘一张最终的维恩图。可用文字总结生成的维恩图。请尽可能中立地表达,不要过多地进行阐释。

【训练工具卡】

维 恩 图

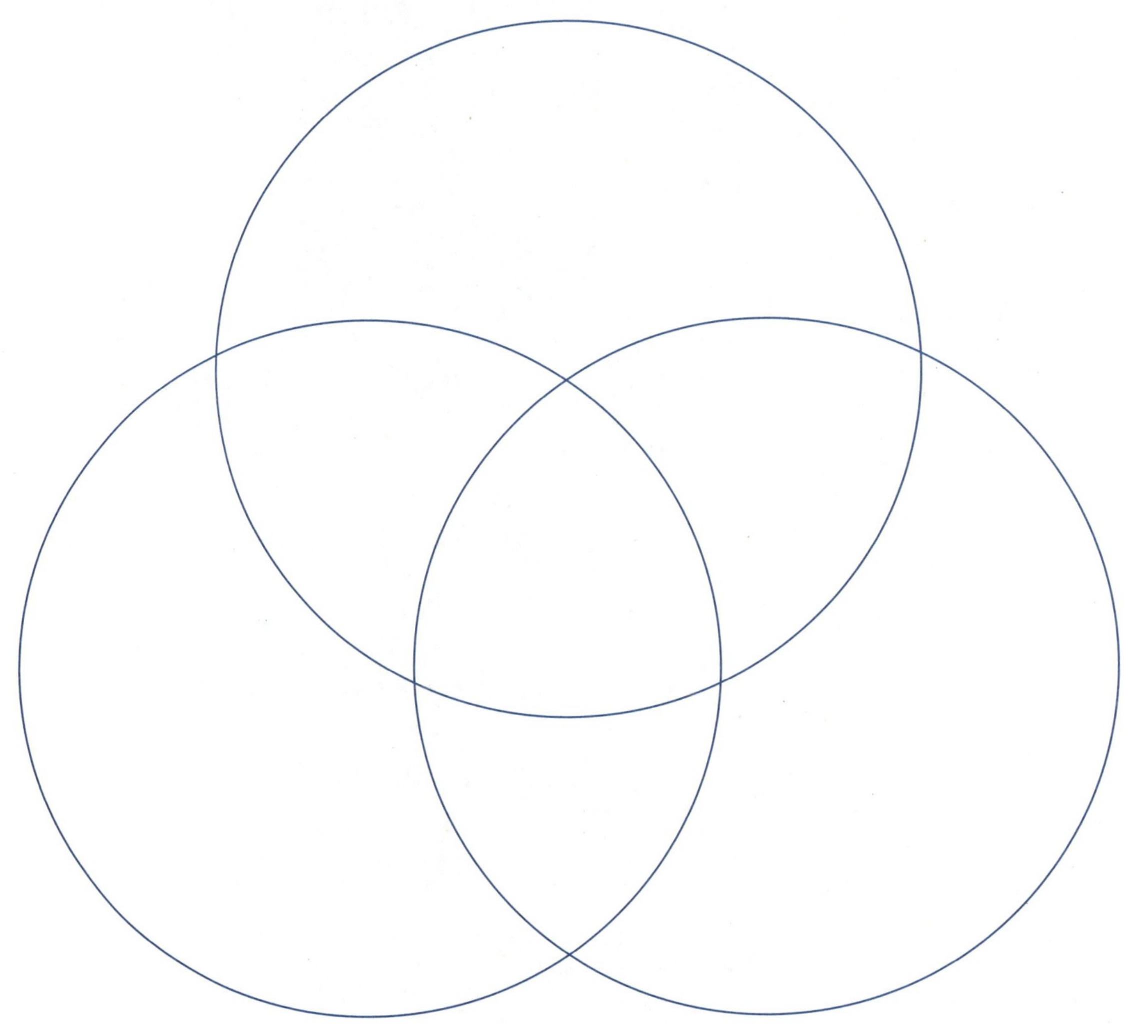

训练工具卡

德技并修

转换思维，重新定义车身设计轻量化

近年来，受到能源转型、碳中和、碳达峰等国家战略目标的影响，我国新能源汽车产业发展迅速，在国际上的竞争力日益增强。车身变轻对汽车整车的能耗、稳定性及安全性等都有许多益处。因此，新能源汽车的“轻量化”已成为节能减排的重要途径之一。

汽车轻量化的技术路线主要包括材料轻量化、结构轻量化、工艺轻量化。常用的轻量化材料包括高强度钢、铝合金、镁合金、钛合金等金属材料，但是传统的点焊工艺无法满足此类金属材料之间的连接要求。为了同时满足多材料应用及创新结构设计的需求，汽车制造行业需要更多、更新的连接工艺。

自冲铆接（self-piercing rivets，SPR）技术能有效克服传统连接工艺在连接轻合金时易出现板材裂纹、接头质量差等问题，提升金属连接性能。目前SPR技术已成为各大汽车制造企业车身连接的关键技术之一，而此类技术在我国汽车制造行业还未广泛使用，且SPR技术的连接设备也依赖于国外采购。

针对以上痛点，来自某职业院校的“铆大师”团队依托学校的智能制造研究院，致力于SPR先进连接设备的创新研究。该团队以创新SPR技术核心产品——超声自冲铆连接设备为目标，解决了轻金属异种材料的连接难题，实现冲、铆一次完成，为汽车车身的轻质金属连接开辟了新途径。

目前，该团队已研发出第一代“铆大师”样机。据团队负责人介绍，相较于传统的点焊、激光焊等连接装备，“铆大师”一代样机可以连接高强度轻合金，拓展了轻合金连接范围，降低了连接时产生的碳排放物，并能在连接时快速针对铆点进行视觉检测。“铆大师”的超声自冲铆技术提高了技术应用能力、拓展了应用方向、实现了行业产业升级转化与智能制造水平。

案例思考

案例中的团队是如何对问题进行重新定义，并找到技术创新突破方向的？

创新之光

“天宫”：走进中国航天空间站时代

经过三十多年的不懈努力，中国载人航天工程取得了举世瞩目的成就。从1992年立项实施开始，中国航天人通过“三步走”战略任务，建成了自主建造、独立运行的“天宫”空间站。这一壮举不仅标志着中国航天事业的巨大进步，也为中国建设航天强国、攀登科技高峰的征程增添了新的里程碑。

在过去的三十多年里，中国航天人突破并掌握了一系列关键核心技术，创造了连战连捷、任务全胜的辉煌战绩。他们走出了符合中国国情的载人航天发展道路，建成了命脉完全掌握在中国人自己手中的大国重器。这一过程中，孕育了载入中国共产党人精神谱系的伟大载人航天精神。

作为系统最复杂、科技最密集、创新最活跃的科技工程之一，载人航天涵盖众多科学领域，涉及众多工程技术。它不仅是国家科技成果的“集大成者”，也推动了航天产业跨越发展，并辐射带动了相关领域的快速发展，极大地促进我国科技水平整体提升。

统计数据显示，三十多年来，相关工程全线共取得4 000多项发明专利，培养了一支高素质人才队伍，推动我国航天科研试验能力整体跃升。这些成果不仅为后续其他重大航天工程项目的建设发展提供了有益借鉴，也为中国航天事业的可持续发展奠定了坚实基础。

站在继往开来的历史新起点上，中国航天人将继续以百尺竿头再踏征程的精神，迎接属于中国航天的“空间站时代”的到来。

项目六

提出创意方案

【学习目标】

素养目标

- 树立包容和接纳新观点、新事物的精神
- 培养勇于提出想法，大胆创新

知识目标

- 了解创意的概念
- 熟悉创意构想时应遵循的原则
- 掌握激发创意的策略工具

技能目标

- 能够针对方案进行创新可行性评估
- 能够在团队讨论中使用激发创意的工具
- 能够描述自己或他人的创意

【项目导读】

本项目将介绍创意的方法。如何在天马行空的创新思维的基础上进行创意聚焦，需要使用创意工具，引导大家一步步获得具有可行性的创新解决方案。本项目的内容将逐一介绍这些具有逻辑性的创意工具。在获得大量创意的同时，要学会对其进行甄别，判断哪些创意对创新项目有价值，哪些创意是可行的，从而推动创新目标的实现。

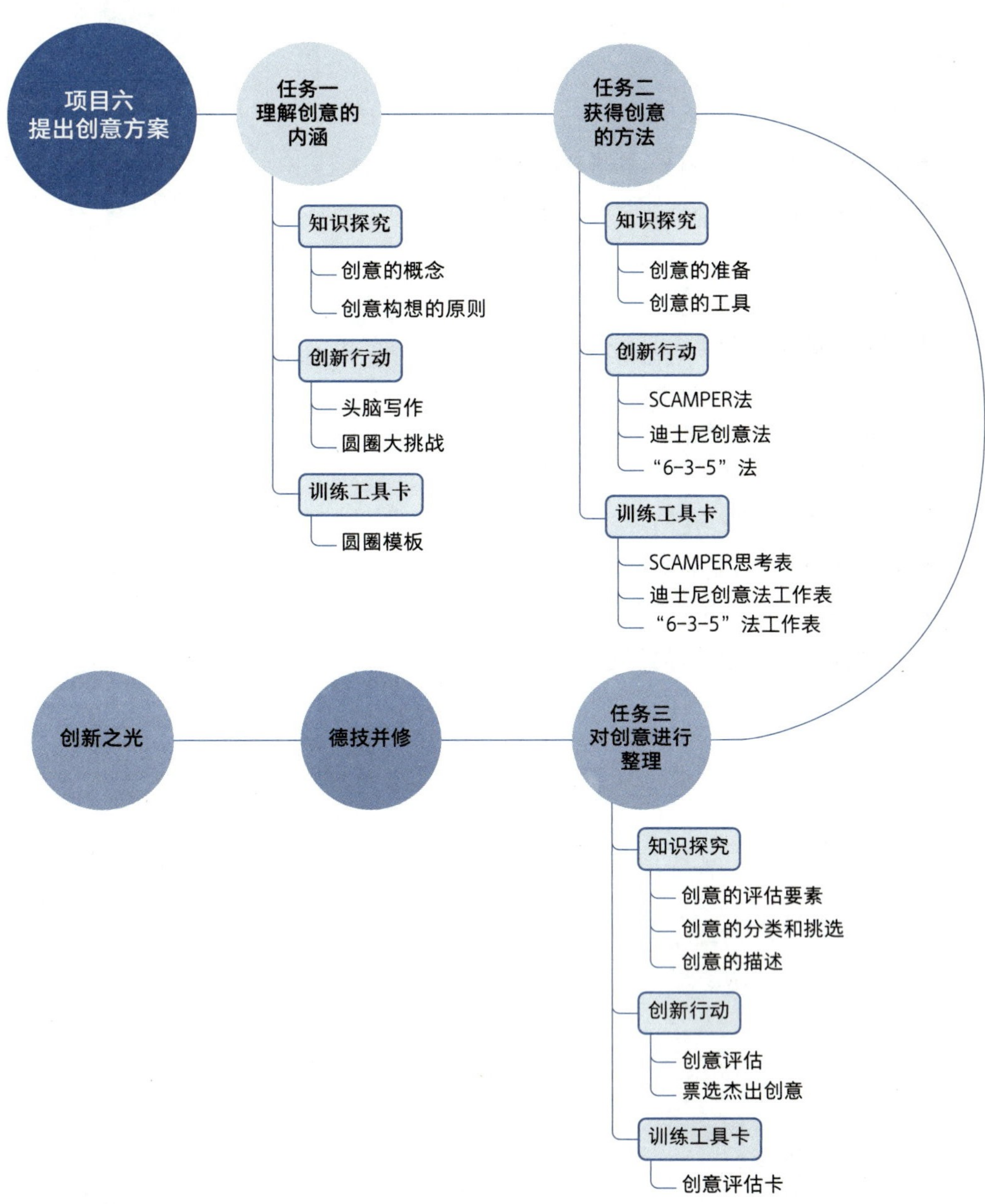

任务一　理解创意的内涵

【新情境】

在一家创新科技公司的团队会议上，大家正在讨论如何改进产品以满足客户的需求。讨论了一段时间后，会议陷入了僵局，大家都感到无从下手。

这时，一个年轻的员工提出了一个创意：为产品添加一个语音识别功能，让用户可以通过语音来控制产品。这个创意立刻引起了其他人的兴趣，大家开始讨论如何实现这个功能，如何让它更加智能化和人性化。在讨论的过程中，大家的头脑变得越来越活跃，不断地提出新的想法和创意。最终，他们成功地将这个创意转化为了一个实际可行的产品功能，并且在市场上获得了很好的反响。

这个案例展示了创意在创新思维流程中的重要性，它可以打开思路，激发灵感，帮助团队克服困难，实现目标。创意是整个创新思维流程中令人激动的环节，创意可以让创新者打开思路，进入“大脑健身房”，让思维充分活跃起来。

【知识探究】

一、创意的概念

创意是指在现实存在事物理解和认知的基础上所衍生出的一种新的抽象思维和行为潜能。在创新过程中，创意是指研究用户后的思考发展过程和结果。在创意环节，创新者们会结合观察阶段的信息获得灵感，围绕在整合阶段得出的核心判断，通过特定的创意流程，在短时间内激发出各种各样的问题解决方案。

创意需要打开思路，去捕捉激动人心的灵感火花。良好的创意规则、方法、环境能促进更多好想法的诞生。在这个过程中需要创新者们以开放的心态对待所有的新想法，从中选择有趣、有实现可能、有突破性的部分进行转化。

二、创意构想的原则

创意构想应遵循以下五个原则：

1．围绕主题，锁定目标

在创意开始前，确定和修改创意主题是非常有必要的。而创意主题来自前面学习的信息整合与用户洞察。这个主题要针对用户，围绕需求锁定洞察。同时需要注意，目标范围不能过大，要将主题落在有明确依据的表述上。

2．追求数量，延迟判断

在构想创意时，首先要追求创意的数量，其次才是创意的质量。大量涌现的创意点子是解决问题的起点,它们的数量越多,有效的创新解决方案就越有可能出现。在这个过程中,应当延迟判断,暂缓决策,暂时不要去评价自己和他人的点子,包容在探讨中出现的所有分歧。即便是不合常理且独特的想法,也是值得提倡的。

3. 跳出框架,大胆想象

头脑风暴是指无限制的自由联想和讨论,其目的在于产生新观念或激发新设想。因此,头脑风暴意味着要摆脱所有观念的束缚,跳出常规的逻辑框架,随心所欲地探索新知,获得崭新的想法。和小朋友们相比,成年人的想象力被理性所控制,压抑得很深。因此在创意方面,创新者们要向孩子们学习,跳出思维的框架,构思各种可行性方案。

4. 一人发挥,全员倾听

在团队讨论中,当某一个成员发表看法时,其他人不宜打断,以免干扰发言者的思路。有效地倾听别人的发言,能够让创新者在他人想法的基础上获得更好的想法。

5. 图文并茂,视觉表达

在阐述想法的时候,尽量用图示的方式表达。有时候,文字不一定能很好地表达自己的想法,图画却能够在表达想法的同时帮助创新者们产生更多的联想。可以把收集到的想法张贴在墙上,让团队成员随时可以回顾。

【数字新时代】

智慧交通中的自动驾驶技术

在第 19 届杭州亚运会上,一款能精确识别道路、车辆、行人、红绿灯以及各种障碍物,对各种交通状况能作出灵敏反应的无人驾驶智能公共汽车受到了广泛关注,收获了众多的“点赞”。这一新技术的出现和实践,不仅展示了我国在自动驾驶技术方面的显著成果,也预示着未来交通出行的新趋势。

根据工信部的数据,近年来我国在自动驾驶技术方面取得了显著进展。截至目前,全国累计开放超过 2 万千米的测试道路,道路测试总里程超过 7 000 万千米。这些数据充分表明,我国在自动驾驶技术研发和测试方面已经具备了相当的实力和经验。同时,自动驾驶技术的应用场景也在不断拓展。除了无人驾驶智能公共汽车,无人配送车、自动驾驶出租车等新应用也在不断涌现,它们不仅提高了交通出行的效率,也激活了数字化交通创新的新前景。

随着技术的不断进步和应用场景的不断拓展,未来,自动驾驶技术将会为人们的生活带来更多的便利和舒适。

【创新行动】

头脑写作

行动准备

1. 时间:25 分钟。

2. 参与人员:主持人、团队成员。

3. 工具:空白卡片、笔。

行动目标

为开放式的问题延展不同的可能性。

行动步骤

1. 请所有团队成员围着桌子坐下。由主持人提出一个开放式的问题,供所有人展开联想,并在桌子中央摆放一叠空白的卡片。

2. 每位团队成员分别取一张卡片,写下自己的一个想法。

3. 将自己的卡片传递给左边的邻座,再取一张空白卡片,写下另一个想法,然后把卡片传给邻座。对每个想法都进行同样的操作。

4. 邻座收到卡片后快速阅读收到的卡片,并对想法进行一些补充,然后继续传递。如果收到卡片时正忙于写想法,也可不阅读卡片直接传递下去。

5. 当重新收到自己的卡片且不想继续进行补充时,就将卡片堆放在桌子中央。

6. 一时间想不出新想法的团队成员,可以从卡片堆里取出任意一张卡片,对其进行补充,然后重新让卡片循环起来。

【创新行动】

圆圈大挑战

行动准备

1. 时间:10 分钟。

2. 参与人员:指导老师、团队成员。

3. 工具:印有 20 个圆圈的白纸、笔。

行动目标

帮助创新者们进入头脑风暴的活跃状态,通过思维游戏进行脑力热身。

行动步骤

1. 在有限的时间(如两分钟)内,尽可能地把 20 个圆圈转化为其他的物体。

（配合参考使用训练工具卡的圆圈模板）

2. 也可以扫边白处二维码获得游戏规则与计时提醒。

创新行动：圆圈大挑战

【训练工具卡】

圆 圈 模 板

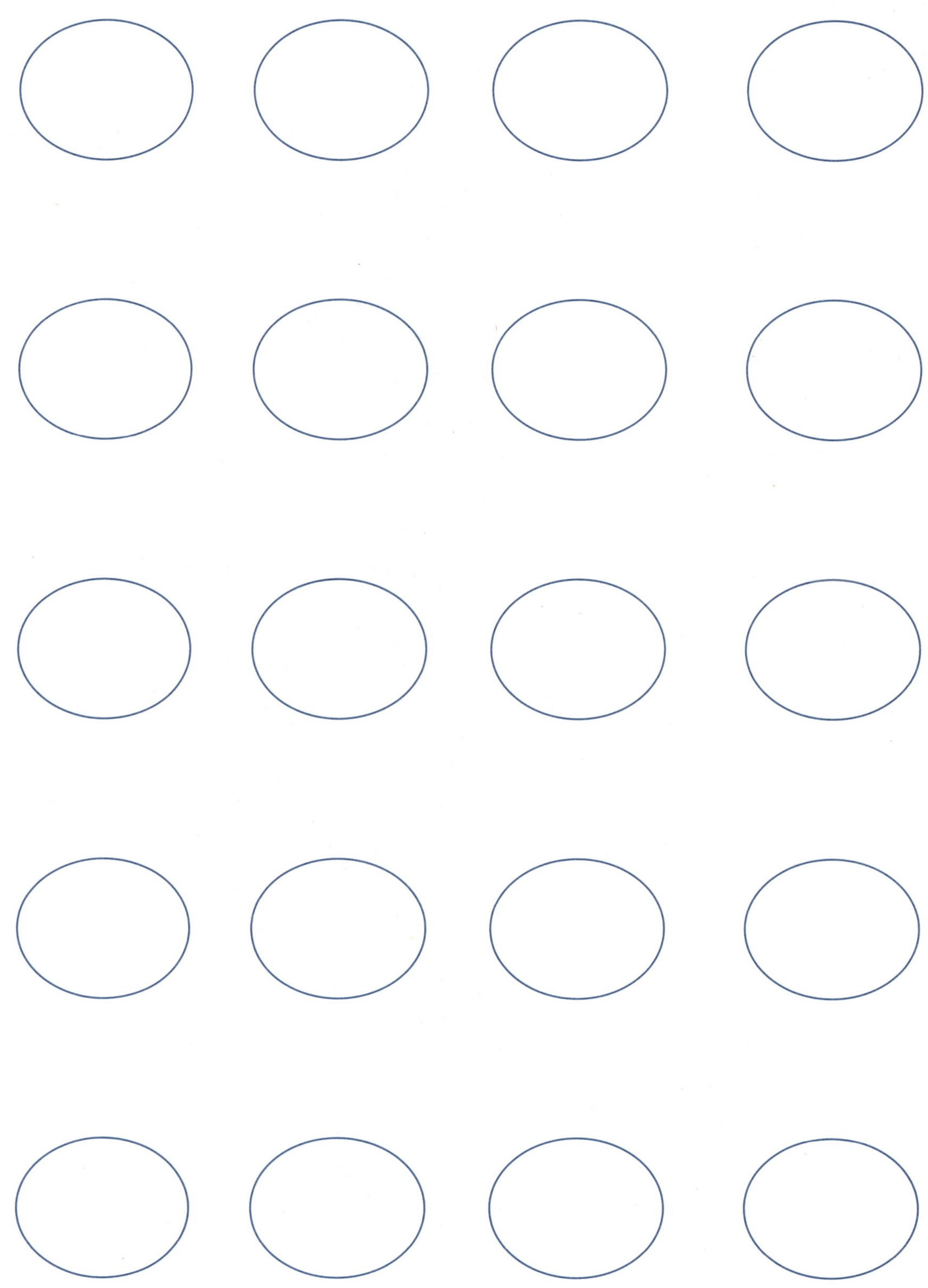

训练工具卡

任务二　获得创意的方法

【新情境】

一家创新科技公司的设计部门正在开发一款智能手表。为了激发团队的创意，每次召开创意会议时，团队成员会采取反向思维的方式进行思考与讨论。例如，将问题从“如何让手表更加智能”转变为“健康信息该如何通过手表智能显示”“如何将人工智能系统绑定在手表上”等。这种反向思维的方式有助于团队成员打破常规思维，从不同的角度来审视问题，从而提出更具创新性和实用性的想法。

此外，团队成员还会通过其他方法来产生新的创意。例如，他们可以将手表的功能与其他产品进行融合，比如将手表与智能眼镜相结合，从而产生出更加新颖实用的创意产品。这些创新行动方法既能帮助创新者们拓展思路、产生天马行空的想象，又能让创新者们脚踏实地地提出切实可行的方案。

创新的关键是创意，而创意起源于想法，创新者们的想法究竟是按照逻辑推理出来的，还是通过发散思维联想出来的？又或者，是否可以通过一些思考工具，来获得既能够天马行空也可以脚踏实地的点子？本任务将对获得创意的方法进行介绍。

【知识探究】

一、创意的准备

人们似乎可以随时随地想出一些新点子。然而，研究发现，当人们进入某一种情境、环境，或是某一种情绪、心理状态时，创意的点子会激烈地迸发出来。因此，对于创意的发散来说，环境及心态的准备是必不可少的。这样才能够充分地调动自我的创新意识。

1．明确创意命题

创意命题需要结合调查的结果开展。经过对用户的洞察，创新者们可以把获得的主题分解为更加具体的话题，使创意命题具有更强的针对性。例如，在“为老人设计实用的产品，提高他们的生活品质”这个话题中，所谓的实用的产品，涉及衣、食、住、行各个方面。聚焦在老人出行上，可以分为坐公交车、地铁或步行等不同方式；乘坐公交车还可以进一步分为等车、上车、乘车、下车等场景。在不同场景中，老人们面临的问题也各有不同，虽然问题都是彼此关联的，但拆分开来进行创意命题的挖掘，会获得更有针对性的点子。

2．准备创意物料

可以准备的创意物料包括：

（1）各种颜色的笔。不同颜色的笔不但能够激发想象力，也可以区分点子的内容。

（2）各种颜色的便利贴。各种颜色的便利贴可以用于点子的描述和书写，创新者们应在每张便利贴上写下一个点子，方便分类整理。

（3）白板。白板可以用于记录创意主题、用户画像等内容。同时，写好的点子也可以贴在白板上，供团队成员查看、分享。

（4）启发创意的视听素材。可以准备与创意主题相关的图片、视频、音乐等视听素材，便于团队成员开启话题。这些视听素材能够调动创新团队成员的感官，让他们有更多的想象空间。

3．打造活泼的创意环境

不同的空间会提供不同的信息，如灰色的格子间办公室提示人们要勤奋工作，保证效率；传统的教室布置显示了师生间的等级与秩序，提示人们要尊重师长；而开放的创意空间则营造了平等的沟通氛围，团队成员可以在进行创意构思时打开自我，突破常规。

要打造活泼的创意环境，可以使用灵活变化的空间，提供充足的光线、有新意的灯光环境、有趣的色彩设计，以及不拘一格的家具或装饰物，可以摆放一些玩具和道具，播放可以营造创意氛围的音乐。

二、创意的工具

有创意的想法需要通过一些思维工具来激发。以下几种创意工具能够激发团队成员的灵感，让大家在保持高涨热情的同时理性地思考，促进创意点子源源不断地迸发出来。

1．SCAMPER 策略

创新思维的 SCAMPER 策略也称奔驰法，是一种综合性思维策略。其遵循的理论基础为：每一个新的改变都来自对已有东西的改良。它通过提问启发人们获得新的点子、想法和创意。通过这一套运用发散思维来提问的方法，能够帮助大家获取更有意义、更有效的创意。SCAMPER 策略以一个清晰的主题或者挑战开始，然后利用 7 个简单的问题策略加以修正。SCAMPER 策略应用示例如图 6-1 所示。

SCAMPER 策略包含了 7 个不同的含义：

（1）S（Substitute）——替代。为了对任意主题、产品、服务等进行创新设计，可以通过问题替代问题来获得新的创意。

（2）C（Combine）——组合。创新设计可以利用组合提问并得到答案的方法来实现，即将之前不相干的东西组合起来。

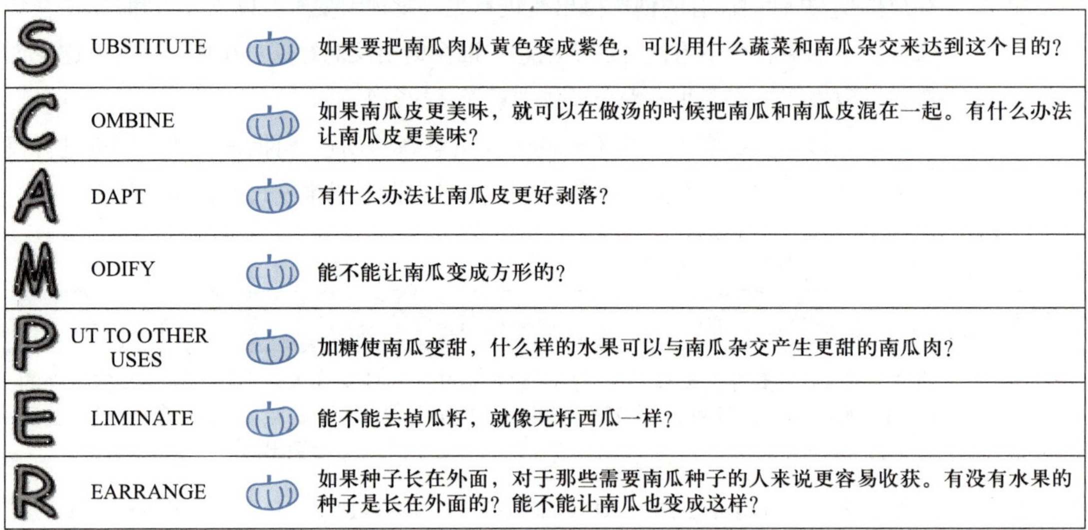

如何改进南瓜		
S	UBSTITUTE	如果要把南瓜肉从黄色变成紫色，可以用什么蔬菜和南瓜杂交来达到这个目的？
C	OMBINE	如果南瓜皮更美味，就可以在做汤的时候把南瓜和南瓜皮混在一起。有什么办法让南瓜皮更美味？
A	DAPT	有什么办法让南瓜皮更好剥落？
M	ODIFY	能不能让南瓜变成方形的？
P	UT TO OTHER USES	加糖使南瓜变甜，什么样的水果可以与南瓜杂交产生更甜的南瓜肉？
E	LIMINATE	能不能去掉瓜籽，就像无籽西瓜一样？
R	EARRANGE	如果种子长在外面，对于那些需要南瓜种子的人来说更容易收获。有没有水果的种子是长在外面的？能不能让南瓜也变成这样？

图 6-1　SCAMPER 策略示例

（3）A（Adapt）——调适。可以通过借鉴的方法从其他行业或个人处获得创意来调适、改造构想。

（4）M（Modify）——修改。探索原有的材质、功能或外观上是否有修改或拓展的空间，在此基础上实现创意。

（5）P（Put to other uses）——改变用途。探索除了现有的用途之外，是否还有其他用途。

（6）E（Eliminate）——消除。探索有无可消除的部分。例如，哪些功能是可以精简的？哪些材质是可以舍弃的？

（7）R（Rearrange）——重构。探索如何重构产品。例如，是否可以通过重组来实现创新？如何重新排列才能表现得更好？是否可以调换部件？是否可以颠倒因果？

2．迪士尼创意法

迪士尼创意法是指在工作过程中运用一种使用头脑的“心略”，即从不同角色——分别为“梦想家”“实干者”和“批评者”——的角度来处理问题。

（1）梦想家。梦想家会在限定时间内提出大量天马行空的创意，没有限制，一切皆有可能。梦想家喜欢构思、畅想未来的画面，负责寻求理想的创意和突破性的构想。

（2）实干者。实干者会从现实的角度提出意见，考虑哪些资源可以利用，哪些创意可以省钱、省时、省力。实干者需要以执行为第一指标，以目标和效率为导向，考虑时间、空间、条件等因素；也需要考虑创意得以实现的可能性，并以此为标准来选择创意。

（3）批评者。批评者需要评测创意的优势和劣势，还需要反思哪些创意还没有被提出，并针对已有的创意提出改进意见。批评者要进行以下分析和判断：在什么情况下创新者会不想执行这个创意？谁会提出反对意见？在什么情况下这个创意会导致失败？有哪些因素会导致创意无法执行？

总之，梦想家、实干者从不同的侧面贡献新的创意，而批评者则对创意进行评判和选择。迪士尼创意法的角色、特质、思考方向及思维方式如表 6–1 所示。

表 6–1　迪士尼创意法的角色、特质、思考方向及思维方式

角色	梦想家	实干者	批评者
特质	想象力丰富，负责提供天马行空的创意，没有思维限制，任何事情均有可能	执行梦想家提出的创意，排除万难，谋求做出效果	考虑现实的条件及各方面的约束，控制创意执行过程，避免出错
思考方向	想要什么？可以有什么选择？最理想的情况是什么？可以有什么突破性构想	怎样详细执行？怎样才能达成目标？由谁执行？何时之前完成	在什么情况下会不想执行这个创意？在什么情况下这个创意会失败？谁会提出反对意见？有什么因素会导致这个创意无法执行
思维方式	构想未来梦想的画面，激活创意	模拟曾经亲身经历执行的过程，找出其中的相关步骤	内省反思，对创意进行分析、判断、推测

3．“6–3–5”法

“6–3–5”法又称默写式智力激励法、默写式头脑风暴法，是在对头脑风暴法进行改造的基础上创立的。当需要快速寻找大量的想法或建议并且有团队支持时，“6–3–5”法往往能够产生更多的创意。

在使用这种工具方法时，需要会议有 6 人参加，坐成一圈，要求每个人于 5 分钟内在各自的卡片上写出 3 个创意（故名“6–3–5”法），然后由左向右传递给相邻的人。每个人接到卡片后，在第二个 5 分钟内再写出 3 个创意，然后再传递出去。如此传递 6 次，半小时即可进行完毕，总共可产生 108 个创意。在使用此工具时应当遵循以下基本原则：不能说话，但思维活动可自由奔放；由 6 个人同时进行作业，以产生更高密度的设想；可以参考他人传送到自己面前的卡片上的创意，也可对其进行改进或加以利用；不能因为参加者地位上或性格上的差异而影响创意的提出。

【创新行动】

SCAMPER 法

行动准备

1. 时间：30 分钟。

2. 参与人员：指导老师、团队成员。

3. 工具：每组 4 张大白纸、6 种颜色的便利贴、黑色记号笔。

行动目标

在围绕主题讨论，了解主题背景，并对主题做了充分的理解之后，需要提出有意义的、有创意的点子；揭开问题的真面目，需要从不同角度进行研究。

行动步骤

1. 在大白纸上，按照训练工具卡 SCAMPER 思考表所示，将讨论的创意主题分别进行替代、组合、调适、修改、改变用途、消除、重构的训练。

2. 将要讨论的主题或挑战写在大白纸的左上角，如“如何改进手机”。

3. 选择 SCAMPER 策略 7 种方法中的任何一种开始提问，每个人把问题写在便利贴上，然后贴到大白纸对应的思考维度栏里。

4. 经过 7 类问题的轮流提问，会产生很多想法，把这些想法写在便利贴上，再贴到训练工具卡的想法栏中。

5. 当想法足够多时，将想法进行聚类、优化、投票、画出草图，做好最后的行动计划。

【训练工具卡】

SCAMPER 思考表

思考维度	想法
● S 替代	
● C 组合	
● A 调适	
● M 修改	
● P 改变用途	
● E 消除	
● R 重构	

训练工具卡

【创新行动】

迪士尼创意法

行动准备

1. 时间:30 分钟。

2. 参与人员:团队成员,并分为若干个小组。

3. 工具:白板、黑色记号笔、各种颜色的便利贴。

行动目标

运用迪士尼创意法进行产品创新。

行动步骤

1. 在白板上,先列出三个角色,分别为:梦想家、实践者、批判者(参照对应的训练工具卡)。

2. 小组内进行角色分工,担任梦想家角色的成员负责提出天马行空的想法,担任实践者角色的成员负责提出详细的执行计划,担任批判者角色的成员则负责提示风险。

3. 小组成员根据自己的角色分工进行充分讨论,把自己的想法凝练成关键词,写在便利贴上,再贴到相应的位置上。

4. 根据大家的讨论和贴出来的关键词,再次审视所有的创意,进行总结归纳。

【训练工具卡】

迪士尼创意法工作表

角色	梦想家	实践者	批判者
特质			
思考方向			
思维方式			

训练工具卡

【创新行动】

“6-3-5”法

行动准备

1. 时间:30分钟。

2. 参与人员:团队成员。

3. 工具:A4纸、黑色记号笔、各种颜色的便利贴。

行动目的

通过“6-3-5”法产生大量的创意。

行动步骤

1. 用一句简短的话介绍待解决的问题。

2. 给6个参与者各发一张工作表,表上有3列6行共18个空格。

3. 参与者坐成一圈,每个参与者在工作表第一行写下自己对于解决问题的想法。

4. 每5分钟后,向身旁的参与者传递工作表。接着,开始第二轮的工作,参与者应努力研究、补充和继续拓展已产生的想法。此过程不断重复,直到每个参与者重新收到自己的工作表为止。

5. 当工作表上所有的空格都已填满想法后,团队对这些想法进行整理,接下来进一步开展分析讨论工作。

【训练工具卡】

"6-3-5"法工作表

第一轮			
第二轮			
第三轮			
第四轮			
第五轮			
第六轮			

训练工具卡

任务三　对创意进行整理

【新情境】

某家具公司的研发团队在一次头脑风暴会议中，提出了多个创新想法。为了进一步评估这些创意的可行性和市场需求，该公司决定成立一个小组，负责收集、总结、整理这些想法，并进行初步的市场调研和技术评估。经过多轮讨论和筛选，该小组最终确定了两个创新项目，分别是智能家居控制系统和环保家具。经过了要素评估后，他们根据市场战略决策进一步制订了详细的项目计划和预算，最终选择深化发展智能家居控制系统这项更符合市场预期的产品进行开发，并开始进行原型设计和测试。

产生大量创意后，创新者们应收集、总结、整理这些创意，对其进行评估、分类和挑选，并在选出合适的创意后进行创意描述，决定是否将创意做成原型或实施。

【知识探究】

一、创意的评估要素

对创意进行收集、总结、整理后，应对创意进行评估，创意的评估要素包括：

微课：如何去芜存菁让思维变得更加清晰

1．创新性

创新性是指创意有新意、与众不同，且未被尝试过。如果这个创意与之前的完全不同，那么这个创意将更有可能在评估中获得高分。如果一个创意未被尝试过，则可以吸引更多关注，更容易被实现。

2．实用性

实用性是指创意可以解决实际问题。如果创意可以解决实际问题，且不引发新的问题，那么这个创意将在评估中获得高分。

3．可行性

可行性是指创意能被低成本地执行。创意需要考虑执行的成本。创意需要资源的投入，投入得越少，那么这个想法在评估中获得的分数就越高。

二、创意的分类和挑选

在对创意进行评估后，可以按照以下标准对创意进行分类：

- 哪些创意是有趣的？

- 哪些创意是容易实现的？
- 哪些创意是具有突破性的？

还可以考虑其他因素，包括：

- 哪些创意是最热门的？
- 从专业和产业环境来考虑，什么创意更好？

确定了分类目标之后，可以将所有的创意都贴在白板上或列在白纸上。下一步工作就是进一步审核并挑选创意。首先，将全部创意按照某种标准分类；其次，由团队成员投票，选择好创意；最后，选择有潜力的创意方向，进一步挖掘创意细节。以手机创意的分类为例，如图 6–2 所示团队成员可以使用圆点贴在空白处投票。

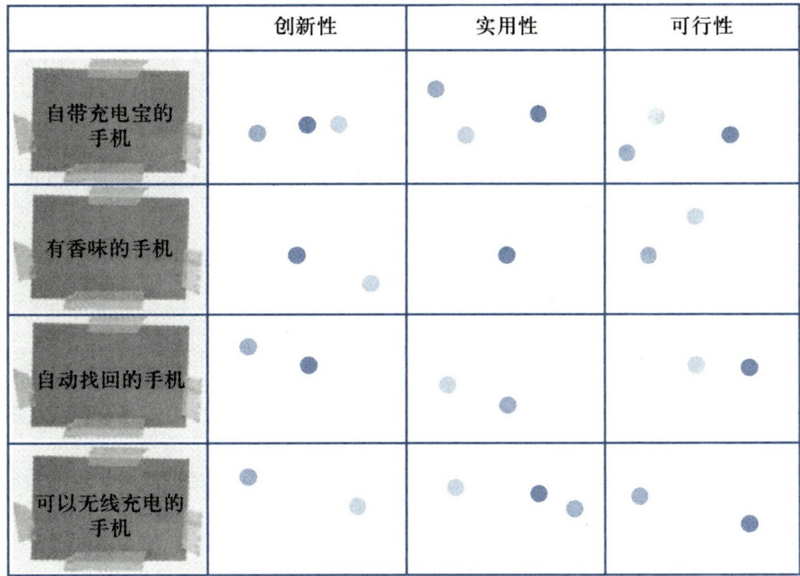

图 6–2　手机创意的分类

三、创意的描述

对于被选出的创意可以用文字简要描述，并尝试视觉化地描述这个创意，描述的要点如下：

（1）用简笔画的方式画出创意，让其更加直观。

（2）要简练地表达，让其他成员都能够迅速地理解。

（3）站在用户的立场上审视这个创意。

【创新行动】

创 意 评 估

行动准备

1. 时间:30 分钟。

2. 参与人员:团队成员,并分为若干个小组。

3. 工具:大白纸、黑色记号笔。

行动目标

围绕一个有价值的创意方向进行再创意,并获得更多的创意细节。

行动步骤

从创新性、实用性、可行性三个角度,采用相同权重,对创意进行评估,获得所有创意的优先级排序。

1. 把创意和评估条件做成矩阵图,然后根据创新评估的三要素进行测评。

2. 小组讨论并记录结果,得分从 1 到 10,小组成员可以先分别依据自己的判断写下分数,然后宣布创意的得分,再进行合计。

3. 结合实际情况,评估创意的可行性,进而找出创意实施过程中的薄弱环节,使创意更加完善。

【创新行动】

票选杰出创意

创新行动:票选杰出创意

行动准备

1. 时间:30 分钟。

2. 参与人员:团队成员。

3. 工具:投票贴。

行动目的

通过投票产生最终的创意结果。

行动步骤

1. 所有团队成员都拿到三张投票贴。

2. 请每个人为自己认为最好的三个创意进行投票。

3. 投票结束后,选出得票最高的创意。如果出现平局,可以每人追加一张投票贴,再进行一轮投票。

4. 为获得最高票的创意进行更加具体的描述(包括它的名字、主题、方案等)。

【训练工具卡】

创意评估卡

	创新性	实用性	可行性
创意			

注:对评估完的创意进行投票,得票最高的创意将进入下一阶段的落实行动。

训练工具卡

德技并修

逆行守护者——森林消防员应急逃生装置

李继印是某职业学院2020届毕业生，他曾是一名消防战士。在校期间，他结合工作经验原创设计的“逆行守护者——森林消防员应急逃生装置”项目获得了“挑战杯”中国大学生创业计划竞赛全国决赛和中国国际“互联网+”大学生创新创业大赛(职教赛道)的金奖，该应急逃生装置的初始设计想法来源于2019年四川凉山木里县发生的森林火灾，那场大火让他关注到消防队员在奔赴火场救援时要克服的困难，希望为奋战在消防一线的“逆行者”们提供守护。

因此李继印和他的创新团队开始致力于研发森林消防员应急逃生装置。为了研发出功能完备的应急逃生装置，他们跑遍北京、天津等地进行调研，深入了解森林消防员的实际需求。他们自己动手缝制样品，向专业设计师请教，不断改进设计。在这个过程中，他们付出了巨大的努力，克服了种种困难。

最终，他们开发出的森林消防员应急逃生装置能够承受高温，并且穿戴方便，能够在火灾中保护消防员的安全。在户外模拟火场的1 000度高温测试中，该装置让人体可承受约1分钟的火场高温，这充分证明了该装置的可靠性和稳定性。

“逆行守护者——森林消防员应急逃生装置”的成型，是李继印和他的团队不断努力、追求卓越的结果。他们的创新精神和执着追求，为保护森林消防员的生命安全作出了积极的贡献。

案例思考

上述案例中，创新者是如何发掘并实现创意的？

创新之光

中国人工智能：引领全球科技创新发展

近年来，我国在科技创新领域取得了显著进展，特别是在人工智能领域。根据彭博智库与世界知识产权组织联合发布的研究报告显示，2022年，我国人工智能领域的专利申请数量高达29 853件，同比增长77%。这一数字充分展示了我国在人工智能领域的创新能力和发展速度。

以打车软件为例，这是我国人工智能应用较早且实践程度较深的一个领域。通过运用人工智能技术，打车软件实现了对用户需求的精准匹配和高效响应。这种智能化服务不仅提高了人们的出行效率，还为乘客提供了更加便捷、舒适的出行体验。

除了打车软件，我国在无人港口、无人矿山、大型城市交通运输以及智能化制药及医疗诊断等众多行业领域也进行了深入的人工智能开发和应用。这些领域的智能化发展不仅提高了生产效率和产品质量，也为人们的生活带来了更多的便利和安全。

事实上，深厚的技术积累及广泛的科研实力使我国在诸如极端气候预测等领域的人工智能技术应用方面已处于世界前沿水平。这些创新技术不仅为我国的科技创新发展提供了有力支持，也为全球科技创新发展做出了重要贡献。

项目七

制作创意的原型

【学习目标】

素养目标

- 在实践中不断迭代试错，树立精益求精的工匠精神
- 通过从创意到实践的过程，树立求真务实的实干精神

知识目标

- 了解原型的概念与意义
- 熟悉原型制作的类型
- 熟悉测试的概念与原则

技能目标

- 能够整合运用不同工具和材料制作原型
- 能够运用工具进行用户测试

【项目导读】

原型制作是指将创新的构想快速、粗略地制成研究模型，探索解决方案的过程。原型制作测试在专业设计领域很常见，现在可以把这个概念应用到创新构想的实践当中来，以便在形成实际的产品和服务之前，能够不断探索并测试各种可能性。

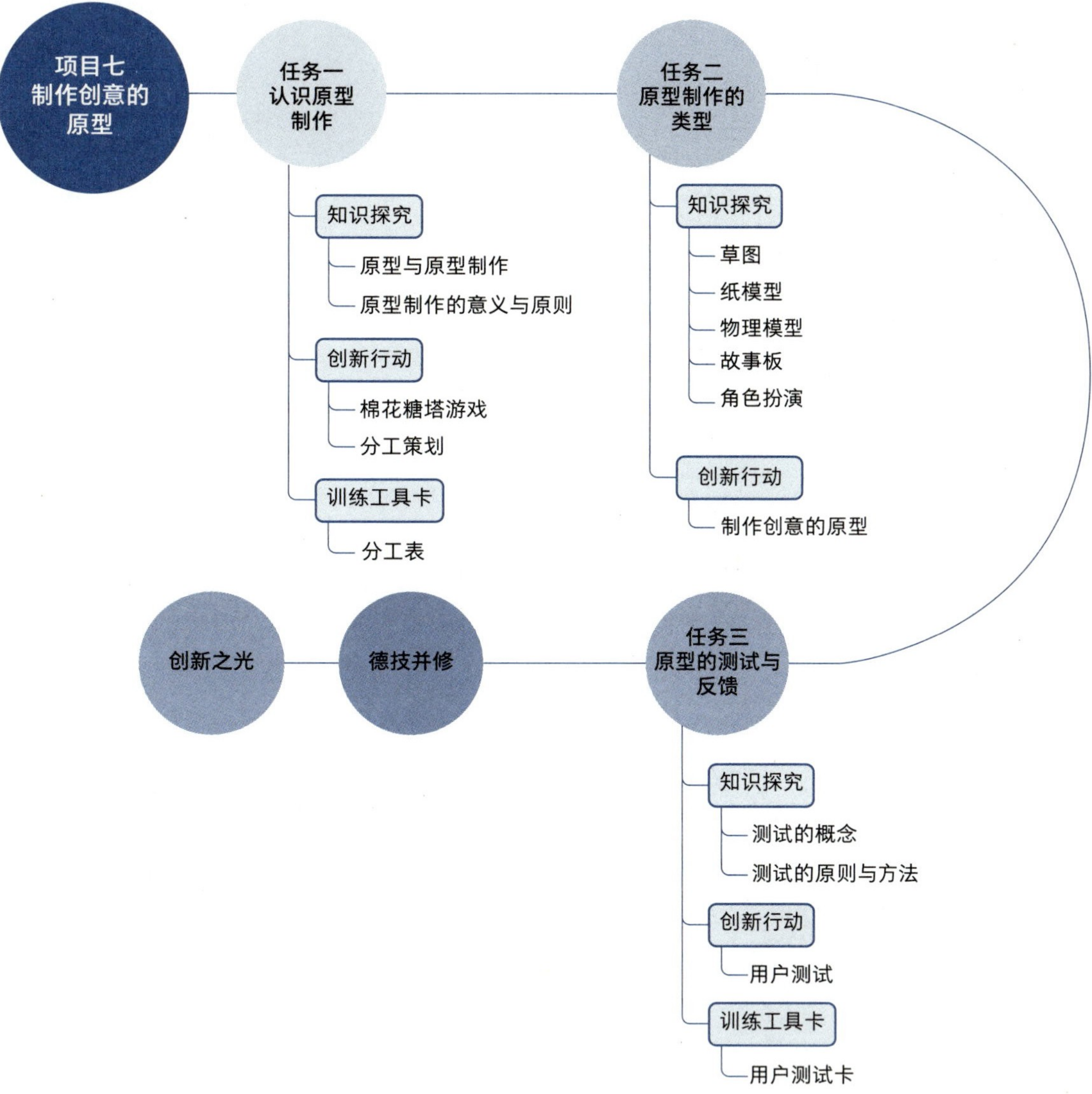

任务一　认识原型制作

【新情境】

在一次会议中，医生与工程师们共同探讨新型鼻腔手术工具的研发。由于专业背景的差异，医生和工程师之间的沟通遇到了很多障碍。为了突破这些障碍，一名年轻的工程师迅速走出会议室，利用简单的材料，如胶带、白板笔、胶卷桶和夹子等，制作了一个简陋的模型。他带着这个模型回到会议室，向其中一名医生问道："您说的是这样的东西吗？"医生看到这个模型后，立即理解了工程师的构思，并给出了肯定的回答。

这样一个粗糙的模型不仅推动了该项目的进展，而且逐步演变为当今广泛应用的一项手术工具，每年应用于近万台手术。假如当时那位年轻工程师没有展示自己的模型，那么这个造福人类的手术工具很可能会推迟面世时间。

空谈想法是不能解决实际问题的，需要借助实物让想法具象化。制作原型一方面可以帮助创新团队在内部将重要的产品概念沟通清楚；另一方面也便于辨析创意特性，即发现哪些特性是最重要的，哪些特性是装饰性的，哪些特性是可以去除的。

【知识探究】

一、原型与原型制作

原型是产品的初步形态，也是创意和产品之间的中间形态。在拥有大量的创意后，可以通过快速制作廉价原型的方法，使创意变得可见、可感知，进而转化为产品。原型是团队智慧的快速验证工具，它可以帮助团队将想法与发现从创意转化为创新，并应用到真实场景中。产品或服务原型可以是任何形式的实体物品，如一面贴满便利贴的墙、一场角色扮演的活动、一个场域空间、一面故事墙等。

微课：什么是创意的原型呢

原型制作在创新实践中的定义是指制作快速、廉价、粗略的模型，来研究各种可能的创新想法的适切性、可行性和存活力。原型的精致程度会随着项目的进展逐步提升，因此，一开始要将原型快速地炮制出来，通过原型快速学习并探索所有的可能性。优秀的原型可以创造良好的体验，与设计团队、使用者或者其他人互动，通过观察人与原型的互动，访谈体验后的感受，可以挖掘出更深层的同理心，进一步了解用户的需求，勾勒出更符合人们需求的解决方案。

二、原型制作的意义与原则

原型制作的过程，实际上是输出团队集体智慧的过程。它的意义在于将团队不断讨论却不可见的创意，变成现实中触手可及的产品、服务、策略或者体验，从而使诉诸语言的创意想法有了具体的载体，能给人直观的印象。原型制作往往被认为是用来进行功能测试的，它因为自身具有的特殊意义与原则而被广泛使用。

1．原型制作的意义

（1）获取真情实感：是指原型制作可以帮助创新者们更深入地了解用户的需求和期望，以及创意本身的可能性，从而更好地探索和解决问题。原型制作还可以帮助创新者们更好地理解产品的使用场景和用户的行为习惯，从而在开发过程中做出更符合用户需求的设计。

（2）探索：是指通过动手和思考，发展出更多的解决方案。原型制作可以作为一种媒介，帮助团队成员将思考转化为具体的形态，从而更好地探索和发现潜在的设计方案。通过原型制作，创新者们可以将抽象的想法具体化，并从中发现更多的可能性。

（3）测试：是指创新者们借由原型制作与使用者互动，测试并调整解决方案。原型可以作为一种测试工具，帮助创新者们评估产品的可用性和用户体验。通过原型与用户互动，创新者们可以了解用户对产品的反馈，从而及时发现和解决问题。原型制作还可以帮助创新者们更好地理解产品的功能和特点，从而在设计和开发过程中做出更明智的决策。

（4）激励团队：是指通过原型可以诉说愿景，激励团队。原型制作可以帮助创新团队的成员更好地理解产品的设计理念和目标，从而激发他们的创造力和团队合作精神。通过将想法转化为具体的形态，帮助团队成员更好地理解和评估产品的价值和潜力。此外，原型制作还可以作为一种展示工具，向团队成员展示产品的特点和优势，从而激发他们的信心和动力。

2．原型制作的原则

（1）视觉化呈现。通过原型制作，创新者们可以将想法以具体、直观、清晰的方式展现出来，视觉化呈现能够让人们更好地理解创新者们的意图，从而激发团队成员或用户的讨论和学习。

（2）保持新手心态。在面对新的挑战时，创新者们应该保持一种新手的心态，不要被既有的知识或经验所束缚，这样创新者们可以更加开放地接受新的想法和创意，从而更好地应对挑战。

（3）不要执着于初期创意。在创意的初期，创新者们往往会有一些初步的构想，但是这并不意味着创新者们应该一直坚持这些构想。相反，创新者们应该准备好备用选项，以便在需要时进行替换和调整。太早开始雕琢创意可能会限制创造和探索其他可能性的延展空间。

(4) 不要担心混沌状态。在原型制作的初期，创新者们往往没有明确的前进方向，这就是所谓的混沌状态。但是，在这种状态下，创新者们的思路往往会更加开阔，能够产生更多的创意和可能性。因此，创新者们不需要过于担心这种状态，而是应该充分利用它带来的机会，进行大胆尝试。

(5) 从低拟真的原型开始反复调整。为了更好地了解产品的可行性和适用性，创新者们应该快速、低成本、粗略地制作原型，并逐步了解什么可行，什么不可行。之后，创新者们可以进行微调，逐步完善产品。这样可以避免在初期投入过多的时间和资源，并且可以更快地找到正确的方向。

(6) 及时发表想法，寻求建议。尽早并多次地寻求他人的建议，可以帮助创新者们更好地改进原型。不要把负面评价当作针对创新者个人的批评，而是将其视为改进产品的建议。

(7) 勇于面对失败。不要害怕失败，而是应该勇于面对它。越早、越多地面对失败，反而会降低成本。通过从失败中吸取教训，创新者们可以更快地收获经验并取得进步。

(8) 善用创造力。创造力是一种非常重要的能力。通过运用创造力，产生新的想法和创意，并将其转化为实际的产品或服务，这样可以帮助创新者们在竞争激烈的市场中脱颖而出。

【创新行动】

棉花糖塔游戏

行动准备

1. 时间：15 分钟。

2. 参与人员：主持人、团队成员。

3. 工具：每组 1 块棉花糖、1 捆棉线、1 卷胶带、20 根意大利面。

行动目标

通过游戏理解如何测试并调整解决方案。

行动步骤

1. 搭建最高的独立结构——使从课桌表面到棉花糖顶部之间的距离达到最高。

2. 在规定时间内，团队成员分成多个小组，小组成员利用本次活动提供的道具搭一座棉花糖塔，棉花糖必须放在塔的顶部。

3. 小组完成后举手示意，由主持人进行测量，测量的高度为桌面到棉花糖顶部的距离，距离最高的小组获胜。若小组数较多，则可以选出前三名。

4. 注意：棉花糖不能被破坏；意大利面可以剪断，如果不小心折断了，可以换取新的，但必须拿着全部折断的意大利面来换；不能将塔座粘到桌子上，也不能用绳子从天花板吊下来，然后挂上棉花糖算高度。

【创新行动】

分工策划

创新行动：分工策划

行动准备

1. 时间：20分钟。
2. 参与人员：团队成员。
3. 工具：纸、笔、相机。

行动目的

为原型制作环节策划小组分工。

行动步骤

1. 为创意取个名称。
2. 商讨这个创意的呈现方式。
3. 根据团队成员的不同特长进行分工，如美工、材料制作者、文案创作者等。
4. 写出一份详细的分工计划，完成训练工具卡的分工表。

【训练工具卡】

分　工　表

名称：
呈现方式：
分工：

训练工具卡

任务二　原型制作的类型

【新情境】

咖啡师小明为了验证自己的新型咖啡机的设计理念，决定制作一个简易原型。为此，他利用家中废弃的纸箱和橡皮泥开展原型制作。首先，小明使用纸箱模拟出咖啡机的外观，构造出一个简单的外壳。接着，他使用橡皮泥制作了几个咖啡机控制面板上的按钮和旋钮，使制作的原型在细节上更趋近于真实的咖啡机。最后，他还用笔在纸箱上描绘出一些简洁的图案和标识，使制作的原型更具现实感。

完成原型制作后，小明将其展示给同事们以获取反馈。在评估过程中，他的同事们认为原型的外观和控制面板基本符合期望。然而，经过仔细观察，他们也提出了一些需要改进的细节问题。小明接受了同事们的意见，对原型进行了相应的修正。通过这个简朴的原型，小明快速收集到宝贵的反馈意见并发现了设计中的一些不足。

制作原型的方式和材料多种多样。例如，除了废弃的纸箱和橡皮泥外，还可以利用多余的布料、过期的报纸、积木等。总之，身边触手可及的物品都可以用于原型制作。易于获取且经济的材料可以帮助创新者们快速制作原型，从而及时获得反馈。本任务将对原型制作的类型进行介绍。

【知识探究】

一、草图

草图是指在相对较短的时间内，利用以线条为主的形式，描绘对象特征，并将其记录在纸面上的一种原型形式。它能够快速地捕捉到各种物体、流程、行为、状况、环境、情景和想法等的原始形态。通过草图，可以更加直观地表达目标、行为、流程、故事、场景、要求和时间等信息，并且可以随时进行修改和补充。草图在各种领域中都有着广泛的应用，如建筑、设计、营销、教育等。通过草图，创新者们可以更加清晰地表达自己的想法和创意，从而更好地与他人进行沟通和交流。

草图具有以下特点：

1．快速

绘制草图的目的是记录瞬间的灵感和第一感受，因此要将草图绘制控制在相对较短的时间内，它带有一定的随意性、灵动性和自由度。绘制草图时，不应拘泥于画面效果，鼓励自由挥洒，随意、灵动的线条更能激发创造性思维的发散。

2．简洁

草图因为时间相对较短，往往要求创新者们以最简单、最精炼的线条和形状来捕捉并表达原型的主体特征。草图不仅是一种快速的表达方式，更是一种有效的沟通工具，能够帮助创新者们更好地与他人交流和传递信息。

3．概括

草图中的概括是指一种通过简练的语言来描绘和归纳对象形态的能力，要能够深入解读其深层次的含义和内容，去粗取精，以形成整体的概念和意象。这种概括能力在草图中扮演着至关重要的角色，通过概括，草图能够将复杂的对象形态简化为易于理解和记忆的图形和文字，帮助人们更好地理解和记忆对象的形态和特征。同时，概括还能够让人们更好地把握对象的整体意象，从而更好地理解创新设计师的设计意图和理念。

4．清晰

一幅优秀的草图应该能够清晰地表达出设计理念，让人们能够一目了然地理解设计意图。草图上的每一根线条都应该带有明确的含义，无论是代表形状、结构还是纹理，都应该清晰明了。

二、纸模型

制作纸模型是一种非常常见的原型制作方法，它可以将复杂的想法或概念转化为具有实际物理形式的物体。通过使用纸张等易于获取的材料，创新者们可以创建出各种形状和大小的纸模型，从而更好地理解并探讨需要讨论的主题或想法。

如果需要进行动态演示，如展示物体的移动或变化，纸模型也具有很大的优势。因为纸张具有轻便、易操作的特点，创新者们可以通过简单地移动纸模型来模拟物体的移动，从而使用户能够更清楚地了解其演示的主题或想法。这种动态的演示方式可以增强用户的参与感和理解程度，使讨论更加深入。

纸模型还可以应用于多个领域。例如，在建筑领域，建筑师可以使用纸模型来模拟建筑物的外观和内部布局；在教育领域，教师可以使用纸模型来帮助学生更好地理解科学原理或数学概念；在艺术领域，艺术家可以使用纸模型来制作具有独特视觉效果的道具或场景。

纸模型具有以下特点：

1．工具简单

制作纸模型所需要用到的工具非常简单，通常只需要纸、笔、剪刀和胶水。这种简单的工具需求使得纸模型制作更加普及，不需要复杂的材料或技术。

2．携带轻便

纸模型以纸质材料为原料，非常轻便，便于携带。这一特点使得纸模型在空间和重量方面具有很高的灵活性，可以轻松地放在背包、手提包或行李箱中，方便携带到不同的地方。

3．立体化呈现

与简单的草图或平面图相比，纸模型能够将原型立体地呈现在用户面前。通过纸张的折叠和粘贴，纸模型可以呈现出三维的立体结构，使得设计和展示更加生动和直观。这一特点使得纸模型在建筑、工程、艺术等领域中得到了广泛应用。

4．绿色环保

纸模型采用可回收、可循环利用的纸质材料制作，与塑料等材料相比，它对环境的影响更小，更加环保。在当今社会对环保和可持续发展的关注度不断提高的情况下，纸模型的这一特点具有很大的优势和应用前景。

三、物理模型

物理模型是指利用各种颜色的彩纸、积木、橡皮泥等材料，将想法变成直观的立体模型。通过对物理模型的演示与讲解，将创意生动地呈现出来，让人们能够更好地理解创意的真正含义。这些材料不仅具有丰富的颜色和形状，还具有不同的质地和特性，为创新者们提供了更多的选择和可能性。

这种方法不仅能够提高创新者们的创新能力，还能够增强用户的理解能力，为人们的工作和生活带来更多的便利和乐趣。

物理模型具有以下特点：

1．更精准的立体化呈现

与纸模型一样，物理模型也是创意的立体化呈现，只不过物理模型使用的材料更多元，在功能的呈现上更精准。物理模型能够通过使用不同的材料和构建方式，实现更为精细、逼真的立体效果，从而更好地呈现出创新者们的创意和想法。

2．耐用性较高

相较于前面两种原型，物理模型更为坚固、耐用。由于物理模型使用的材料较为坚硬和稳定，因此其耐用性相对较高，能够经受住更长时间的考验，保持其原有的形状和功能的稳定性。

3．情景交融

物理模型能够利用不同的物品和环境因素，创造出让人身临其境的物理情境，从而更好地呈现出创新者们的创意和想法。同时，由于其使用的材料和构建方式的多样性，也能够为创新者们提供更多的创意空间和可能性。

四、故事板

故事板的概念来源于影视行业，是指利用连环画或系列图片的形式直观地表现创意的方法。故事板是有时间顺序的，可以通过它看到创意的整体构思过程。因此，故事板可以展示出各个角色、场景、事件是如何串联在一起的，从而给用户带来一种相对完整的体验。

故事板被广泛应用于各个领域。例如，在广告创意、产品设计和游戏开发等方面，故事板都可以用来表现创意和概念。通过故事板，用户可以更好地理解和感受创意的完整性和连贯性，它可以更好地传达信息、吸引用户并激发他们的兴趣。

故事板具有以下特点：

1．交互性

故事板通过使用特定的、脚本连贯的分镜头，详细地展示一系列的交互动作，使用户可以直观地了解每个步骤和操作过程，从而更好地理解产品或服务的运作方式。这种交互性的表现形式使得故事板具有很强的互动性和体验感。

2．时间顺序性

故事板按照故事发展的时间顺序来展示各个角色、场景和事件，使用户可以清晰地了解故事情节的发展过程。这种时间顺序性的表现形式使原型更加生动、真实和流畅，让用户能更好地投入到故事情节中去。

3．直观性

故事板多以图像的形式呈现，使用户可以更加直观地理解和感受故事情节。这种直观性的表现形式使得故事板更加容易被理解和记忆，同时也使其更具有吸引力和感染力。

4．突出关键任务

故事板通过突出显示某个关键交互动作，从而使整个用户体验中相对应的某个关键任务得以凸显。这种突出关键任务的表现形式使得故事板更加具有针对性和实效性，能够更好地满足用户的需求和期望。

5．突出关键用户

故事板能够在呈现流程或服务的同时，寻找到产品的用户群。这种突出关键用户的表现形式使得故事板更加具有针对性和目标性，能够更好地为目标用户提供服务或产品；同时也使创新者能够更好地了解用户的需求和反馈，从而不断优化原型、产品和服务。

五、角色扮演

角色扮演是一种充满戏剧性的、有趣的原型工具，是指在深入地了解、体会用户经历之后，将创新想法或解决方案用演绎的方式表现出来。在解决某一种服务或流程中的问题时，创新团队成员可以扮演该服务或流程中涉及的利益相关者，对用户的使用场景和步骤进行复盘。这种原型的优势是生动形象，代入感强烈。

角色扮演具有以下特点：

1．建立同理心

通过站在用户的角度去体验产品或服务，使创新者们能够更好地揣摩用户的心态，理解他们的需求和痛点。这种换位思考的方式，可以帮助创新者们更好地把握用户的需求，从而提供更加贴近用户需求的产品或服务。

2. 趣味性

在角色扮演的过程中，创新者们可以通过生动活泼的方式，将产品或服务的使用场景再现出来。这种方式充满了戏剧性，能够激发更多有趣的灵感，让用户在使用产品或服务的过程中，感受到更多的乐趣和惊喜。

3. 临场感

通过角色扮演，创新者们能够将用户的使用情境再现出来，让用户感受到强烈的临场感。这种方式能够让用户更加深入地了解产品或服务的使用方法和效果，从而更好地满足自己的需求。

【创新行动】

制作创意的原型

创新行动：制作创意的原型

行动准备

1. 时间：120分钟。

2. 参与人员：团队成员，并分为若干个小组。

3. 工具：胶带、胶水、美工刀、纸、笔、彩色橡皮泥、积木……

行动目的

利用现有资源，将想法变为现实。

行动步骤

1. 请每个小组写下制作原型所需要的工具，快速列出一份材料清单。如果没有所需工具，请尝试用其他仍然可以传递创意的材料代替。

2. 确定好材料之后，就可以开始打造创意的原型。可以尝试使用不同类型的工具，创造出人意料的组合原型。

3. 小组之间应相互交流，判断这些创意的原型是否有意义，是否能激发新的创意或者孕育新的产品。

4. 完成创意原型后，每个小组依次根据创意的原型制作进行宣讲，相互进行评价交流。

任务三　原型的测试与反馈

【新情境】

某团队已构思出新型智能手表的诸多创意概念，但尚未确定最终的产品设计方案。为了使创意变得更具象、更易感知，该团队决定制作一个低成本的原型。这样可以更好地展示他们的想法。

在完成原型后，团队成员进行了内部测试。在测试过程中，他们意识到需要更多的反馈来优化产品。因此，该团队邀请了一些潜在用户参与新一轮的原型测试与反馈。在会议上，团队向参与者展示了原型，并邀请他们试戴，同时询问他们的感受和建议。参与者提出了一些有价值的反馈，如手表的尺寸是否合适、功能是否实用以及界面是否易于使用等。团队成员详细记录了这些反馈，并将其应用于原型的改进。

通过原型测试与反馈这个过程，团队得到了有价值的信息，这对优化产品设计起到了关键作用。最终，该团队开发出一款颇受欢迎的智能手表，并成功将其推向市场。这个过程充分体现了在将创意转化为具体产品过程中，快速制作原型并进行原型测试和反馈的重要性。本任务将对原型测试和反馈进行介绍。

【知识探究】

一、测试的概念

测试是新产品或者新服务在上市之前的必经阶段，因为新产品或者新服务都需要经过反复的测试，不断完善，才能达到上市的要求。

爱迪生在发现钨丝能用来做灯丝之前，经过了成千上万次试验；李时珍为了写出《本草纲目》，多次亲身试验草药的药性；在莱特兄弟发明第一架飞机之前，无数飞行先驱已经进行了上百年的研究。科学家们通过不断提出新的构想，设计相应的试验，先在特定的条件下进行尝试，再对试验过程进行分析。这个过程与创新的流程非常相似，创新者们在充满复杂性和不确定性的环境中寻找有价值的创新解决方案，就像科学家们在未知的现实世界里探索，寻找真理一样，都需要提出想法，制作原型，进行大量测试。

【数字新时代】

数字技术提升农业生产效率与产品创新

新产品或新服务往往需要经过不断完善和不断发展的过程。智能温室是一种利用数字技术为农业生产提供优化系统的创新产品。它通过传感器、物联网设备和大数据分析技术实时监测和调整温室内环境，为农作物提供适宜的生长条件。智能温室可以收集温度、湿度、光照、二氧化碳浓度等环境数据，并将其传输到大数据分析系统中，进行机器学习和人工智能技术的实时分析，以预测适合农作物生长的最佳条件。同时，智能温室还利用自动化设备调控环境指标，如湿度过低时自动开启湿帘或喷洒设备进行加湿，温度过高时自动打开通风设备降温等。这些措施为农作物提供了更好的生长环境，提高了农作物的产量和质量。此外，智能温室还利用大数据分析技术监测和预测农作物的生长情况，通过分析历史数据和实时数据了解其生长规律和环境需求，更好地调整生产计划和管理措施。智能温室将数字技术与农业知识相结合，为农业生产提供更高效、更可持续的解决方案，对农业发展产生了积极的影响。

二、测试的原则与方法

以一系列试验测试创新的原型时，应遵循一定的原则与方法。测试流程越严谨，产出的资料、数据越真实，越能够证实原型的可行性，逐步降低其风险和不确定性。

1. 测试的原则

（1）事实证据超越个人意见。不论团队中个人的意见是怎样的，都不能罔顾事实证据的存在。

（2）拥抱失败，努力学习。在测试中总会遭遇失败，而代价不高且短暂的失败，不仅能让创新者们更快地积累经验，也能有效降低风险。因此，要努力从失败中学习，汲取经验教训。

（3）一切都要量化。有效的测试会产出量化的数据，为下一步行动指引方向。

（4）试验不等于现实。试验只是透过它去了解事实的一个工具。即使在试验中获得了良好的数据，现实中还会存在许多不确定的因素，在实践中得到的结果仍然会有变化。

（5）测试访谈不等于推销。如果想得到用户真实的反馈，就不要用推销产品的方式与其沟通。要把测试当作进一步与用户接触的宝贵机会，用访谈的方式提问、观察、倾听，让更多的机会可以自然地浮现出来。

2．测试的方法

在测试环节，遵循一些既有的方法，能够帮助创新者们快速、有效地获取用户反馈与结果。测试的方法主要有以下几种：

（1）功能性测试。功能性测试是指观察用户是否理解以及如何使用原型提供的功能。通常，原型是根据前期的用户研究和创意发展而来的，是针对创新挑战提出的一个解决方案。因此，原型会承载一些具体的功能。进行功能测试的时候，最好每次只测试一个功能，从而获得有针对性的反馈意见。

（2）团队交叉测试。团队交叉测试是指团队间相互测试并分享反馈结果。这种方法不仅适用于测试阶段，也适用于其他各个阶段。有时，在同一个项目里会有两个或两个以上的团队，虽然面对的挑战是一样的，但各个团队的观察和理解不同，关注点也会有一些差异。因此，在解决方案的呈现上，就会有更多的开放性和多样化特征。在测试阶段，团队间相互作为测试对象，进行交叉测试并给出内部反馈，往往能进一步提升原型的质量，优化测试方案，这有利于后期的用户展示。

（3）极端用户测试。极端用户测试是指从在该领域有极端体验的用户群体身上获得新启发的测试。所谓极端用户，通常是指特别频繁地使用产品的用户。对于极端用户来说，正因为他们的需求是如此迫切，所以他们在使用产品的过程中遇到的问题，以及因产品功能不足而被迫采取的补救方法，都更容易被捕捉到。从极端用户那里获得反馈之后，可以反过来去满足普通用户还不太明显的隐性需求，这正是极端用户测试的意义所在。

（4）专家测试。专家测试是指将原型呈现给相关领域的专家，由他们给出专业性的反馈意见。由于专家长期在一个方向上做深入研究，比较了解大部分用户的情况，所以专家测试可以帮助创新者们在短时间内加深对创新挑战和解决方案的理解。

【创新行动】

用 户 测 试

创新行动：用户测试

行动准备

1. 时间：1 小时。

2. 参与人员：团队成员，并分成多个小组，每组 2～3 人。

3. 工具：用户测试卡、笔、便利贴

行动目标

用户测试卡是测试产品或服务是否满足用户真实需求的重要工具。在使用该工具与用户交流的过程中，创新者们可以得到相应的启发。

行动步骤

1. 将假设条件陈述清楚，可以借助做好的原型来呈现。

2. 进行用户测试，来检验想法是否可行。

3. 进行项目评估，通过收集量化数据或者以访谈的方式获得用户反馈。

4. 根据用户反馈进一步调整创意原型和方案。

【训练工具卡】

用户测试卡

团队名	时间
任务名	地点

步骤1：假设条件

我们相信

步骤2：用户测试

为了证实这一点，我们会

测试花费　数据真实性

步骤3：项目评估

我们收集到了

时间花费

步骤4：调整方案

如果我们是对的

如果我们是错的

训练工具卡

德技并修

用原型驱动产品开发

为了淬炼中小学生的生产劳动技能，强化其社会责任感，中小学需要开设生产劳动相关课程，涉及工业生产劳动、新技术体验与应用等课程内容。但是，工业生产劳动涉及机械使用、模具制作，让未成年人接触大功率电机、刀具等设备的安全问题始终让人担忧。因此，学校一直在寻找安全、可行的工业生产劳动课程解决方案。

“95后”大学生刘明君发明的无创式桌面切割钻孔集成设备，从一定程度上解决了校方和家长们的安全顾虑。他基于青少年发展需求，开发了符合未成年人心智成长规律的实践设备。刘明君从小学四年级开始，就醉心于开展各种发明创造的实践活动。计算机专业的他，从大一开始便带领团队开始研发不伤手的钻孔机、切割机、打磨机等设备。目前，他已获得13项国家知识产权专利和7项软件著作权。

为了将科研研发与实践结果充分融会贯通，刘明君在毕业后成立了爱创科技有限公司，通过线下直营门店的方式在书城、青少年宫等地推出了“充满创意的生活方式”体验课程，把看似繁杂的工业劳动送到大众面前。刘明君鼓励学生通过手中的机器打磨、切割、钻孔等操作来改造原材料，他认为劳动的创造力来自创新，在强化既定经验学习的同时，也需要让年轻人进行开拓创新。

原型制作是创意外化的重要阶段，创新者们在头脑风暴的时候，往往会有许多好想法，然而，只有真正动手实践制作出原型，才能印证自己的想法，将自己的创意与他人进行沟通，并在原型的制作过程中不断迭代改良。

案例思考

1. 原型制作具有哪些价值？

2. 从这个案例中能得到哪些启发？

创新之光

“墨子号”：世界首颗量子科学实验卫星

2016年8月16日，我国成功发射了世界上首颗量子科学实验卫星“墨子号”，这标志着我国在量子通信领域取得了重大进步，并站在了世界量子通信领域的前沿。

“墨子号”的发射是我国在量子通信领域的重要实践。据中国科学院院士潘建伟介绍，量子通信是目前唯一已知的无条件的安全通信方式，能够有效解决通信安全问题。

“墨子号”是我国自主研制的全球首颗量子科学实验卫星，从酝酿到成功发射历时十多年。该卫星将在国家安全、金融等方面有着重要的应用价值。在未来，优质、高效、安全的量子通信也将走进人们的日常生活。

由于量子不可克隆原理①和光纤信道的固有衰减，量子通信的距离受到很大限制。而“墨子号”的地星量子稳型传态实验可将通信距离从500千米延长到1 400千米。此外，“墨子号”还进行了星地高速量子密钥分发实验和广域量子密钥网络实验，实验结果证明，它的传输效率比同等距离地面光纤信道高20个数量级。

未来，我国还将计划发射“墨子二号”“墨子三号”等卫星，形成一个由几十颗量子卫星组成的“璀璨星群”，与地面量子通信干线“携手”，共同支撑起“天地一体”的量子通信网。

① 量子不可克隆原理是量子物理的一个重要结论，即不可能构造一个能够完全复制任意量子比特，而不对原始量子位元产生干扰的系统。

项目八

实现创意的商业价值

【学习目标】

素养目标

- 树立用创新产品造福社会的责任感
- 通过商业模式的设计和不断优化，树立正确的创业目标

知识目标

- 熟悉价值主张画布的内涵
- 熟悉商业模式画布的内涵
- 掌握价值主张画布的要素
- 掌握商业模式画布的模块

技能目标

- 能够将产品与用户价值进行适配
- 能够完整描述创新产品的价值主张
- 能够使用商业模式画布开展创业构想
- 能够发现商业模式中的问题并提出解决方案
- 能够识别市场趋势和商业机会

【项目导读】

将创新项目从一系列想法转化为产品原型或方案后，应采取进一步的行动来将其商业化，并让客户来验证创新项目是否真的产生了具有价值的成果。本项目将介绍如何实现创意的商业价值，以确保创新项目具备真正的实用性，将其市场潜力转化为可实现的商业价值。

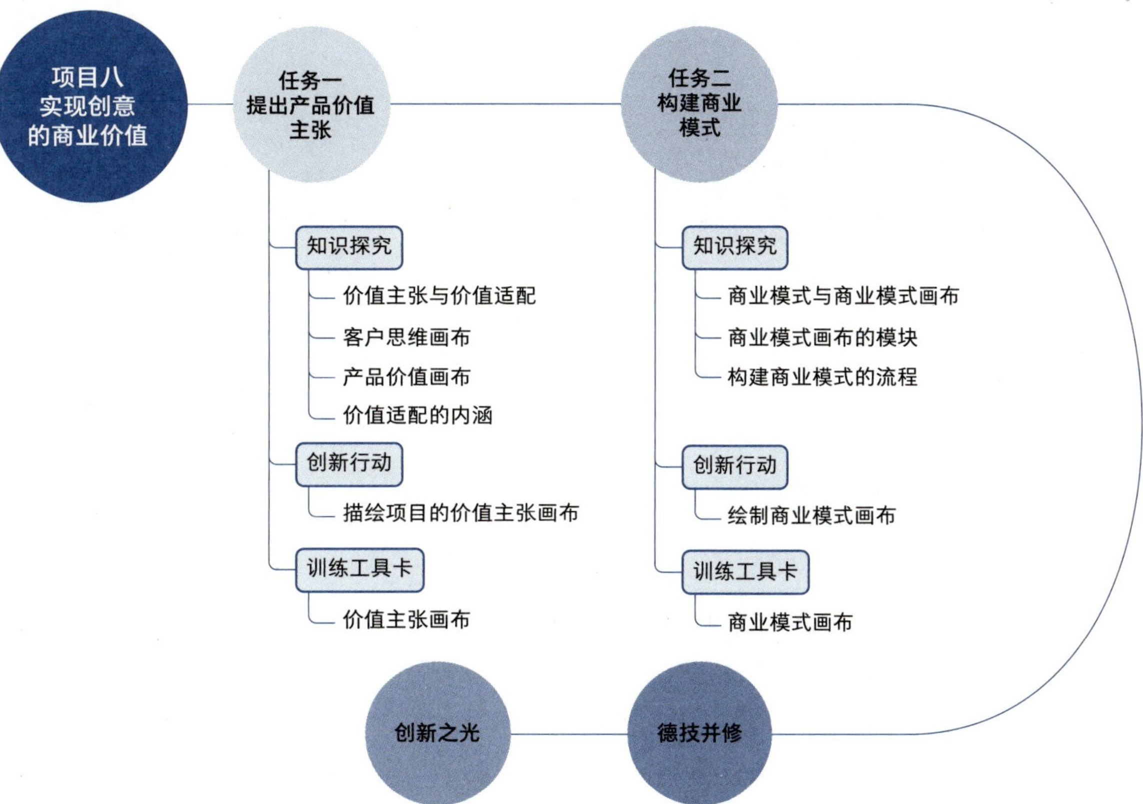

任务一　提出产品价值主张

【新情境】

一家创新企业正在开发一款智能家居产品，该企业的目标客户是年轻的城市白领，他们希望能够通过智能家居产品提高生活便利性和安全性。这家企业通过问卷调查、深度访谈等方式了解客户的需求和痛点。他们发现，客户希望智能家居产品能够实现语音控制、定时开关、智能监控、报警等功能，以提高其生活便利性和安全性。于是，该企业通过分析客户需求和痛点，进一步确定产品能够提供哪些功能和服务。例如，可以设计一款智能家居产品，通过语音控制、定时开关等方式提高生活便利性，通过智能监控、报警等方式提高安全性。通过对需求进行价值匹配，这家公司最终设计出符合客户期望的产品。

在创意转化为商业的过程中，适配客户需求与产品价值十分重要。

本任务将从一个全新的视角来学习深入把握客户需求，实现客户需求与产品价值相适配的工具——价值主张画布。

【知识探究】

一、价值主张与价值适配

价值主张是商业模式的核心，它描述了客户期望从企业的产品和服务中得到的收益。价值适配则是指企业持续更新其产品或服务，使之与客户需求相匹配，并交付客户真正期望的东西。

在价值适配过程中，可以使用可视化的工具，帮助企业更清楚地看到客户的任务、痛点和收益。这个工具能够让公司里的产品经理、设计师、开发者等人员使用同一种语言进行交流，尽可能地降低交流成本，降低从客户需求到设计开发过程中的信息流失，有效提升用户调研团队和产品团队的合作效率，同时避免无效创意造成的时间浪费，通过最终设计、测试并交付出客户所期望的东西。

这个工具就是价值主张画布，如图 8-1 所示。价值主张画布包括两个部分——客户思维画布和产品价值画布，是了解客户真正需求、设计解决方案的重要工具。客户思维画布阐明对客户的理解，产品价值画布描述为客户创造价值的方案。当产品价值画布中的产品和服务能完成客户思维画布中的客户任务，且产生与客户痛点、收益相匹配的痛点解决方案、价值创造方案时，便完成了价值适配。

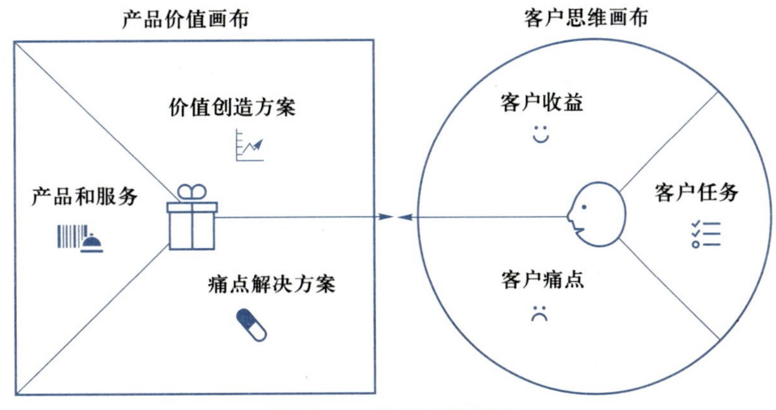

图 8-1　价值主张画布

二、客户思维画布

1．客户思维画布的要素

客户思维画布以更加结构化、精细化的方式描述了商业模式中特定的客户群，其要素包括客户任务、客户痛点和客户收益三要素。

（1）客户任务。客户任务是指需要努力完成的工作或生活事务。它们或是需要设法履行或圆满完成的既定任务，或是需要尽全力予以解决的问题，又或是应千方百计予以满足的需求。在做客户任务研究时，务必确保从客户的角度出发考虑问题。

客户任务主要有三种类型：

① 功能型任务。它是指需要采取相应措施完成或妥善解决的特定任务。比如，修剪草坪、保障食品安全、写报告、以专业能力帮助客户等。

② 社会型任务。它是指能取得一定社会认可或地位的任务。它关注的是人们想要被别人认知自我的需求，比如想让别人认为自己是一位时尚的消费者，或者一位能力超群的专业人士。

③ 个性化／情感型事务。它是指为了寻求特定情感状态所采取的措施。比如，养成消费投资方面的平常心态，或是在工作中获得职业安全感。

（2）客户痛点。客户痛点是指在实现客户任务的过程中，可能遇到的各种干扰因素或障碍，以及潜在的不良结果风险。这些痛点可能出现在客户任务开始之前，进行过程中，以及完成之后。对于客户痛点，不仅要清楚它们“痛”在何处，还要明白它们到底有多“痛”。

客户痛点主要有三种类型：

① 不尽如人意的结果、问题和特点。这类型的痛点有功能型（如解决方案不起

作用或不能很好地起作用，甚至有副作用)、社会型（如做某种事令人不堪)、情感型(如每次做这种事都很难受）和因果型（如厌恶去做某事）之分。它也可以指那些不被客户认可、未被料及的问题和特点（如无聊的体验)。

② 障碍。即阻碍事务完成的各种因素，可能以不同的方式影响客户任务的启动和执行效率。这些因素包括各种复杂的内部和外部因素，如缺乏明确的目标、资源不足、团队沟通不畅、技术故障、市场变化等。这些因素不仅可能使事务无法开始或进展缓慢，而且可能导致已经启动的事务被迫中止或延迟。

③ 风险。指那些能引发纰漏、招致重大不良后果的因素。例如，如果采用某套解决方案，可能会使得公司失去客户的信任，导致信誉受损；又如，某方案存在巨大的安全漏洞，可能会引发大规模的数据泄露，给公司带来巨大的经济损失和声誉损失。

（3）客户收益。客户收益是指客户想要的结果和收益，有些是客户要求、期待、渴望的，有些则是他们意料之外的。客户收益包括使用功能、社会收益、正面情感和成本的节约。在描述客户收益时，要尽量具体化、数量化、清晰化，这有利于设计出更适合的方案。

以结果和收益为导向，客户利益有以下四种类型：

① 基础型。是指至关重要的客户利益。缺少它们，整个解决方案将毫无用处。以手机为例，它必须具备最基本的通话功能，否则就失去了作为手机的存在意义，因为它无法满足人们的基本需求。

② 期待型。是指能从解决方案里得到的相对基础的客户利益。它们并非不可或缺，没有它们解决方案也可照常运行。例如，自从手机增加了摄像功能后，人们对手机就有了新的期待，如拍照是否更加清晰，是否可以编辑图片，是否可以拍摄电影等。

③ 渴望型。是指预期之外的客户利益。此类客户利益极具吸引力，但通常其表现出的价值是隐性的，只有在客户主动询问时才会被揭示出来。例如，当询问手机能否与其他设备实现无线连接时，客户可能会对这种连接所能带来的潜在利益产生浓厚的兴趣。

④ 惊喜型。是指意想不到、出乎意料的客户利益。这类客户利益通常隐蔽得更深，即使在征求意见时也未必会被提及。比如，在应用程序商店成为手机主流功能程序之前，客户并未将其视为手机不可或缺的一部分。

2．客户思维画布的使用流程

客户思维画布的使用流程包括以下步骤。

（1）明确目标受众：清晰地描述希望服务的客户群体。

（2）深入了解客户需求：深入了解客户目前正在努力完成的工作，并简要记录他们的工作内容。

（3）详述问题及挑战：尽可能详细地记录所了解到的客户所面临的问题和挑

战，包括他们所遇到的障碍以及可能的风险。

（4）确定客户收益预期：尽可能详细地记录客户希望获得的结果和收益。

（5）重要次序排列：分别将客户任务、客户痛点、客户收益按重要次序进行排列。

3．客户思维画布的使用原则

客户思维画布的使用原则包括以下内容。

（1）换位思考，站在客户的角度去考虑问题。

（2）在分析时，一次只针对一个客户群进行分析。

（3）除了关注显而易见的功能性的收益，还要关注情感性的、社会性的收益。

（4）尽可能多地、清晰地描述客户痛点及收益。

三、产品价值画布

1．产品价值画布要素

产品价值画布包括三个要素：产品和服务、痛点解决方案和价值创造方案。

（1）产品和服务。产品和服务是能提供给客户的核心内容。可以将其形象地理解为客户在商店橱窗里看到的展示品，它是价值主张得以建立的基础。这些产品与服务可以帮助客户完成其功能型、社会型或情感型任务，或帮助他们满足自己的基本需求。但这些产品与服务并不能独立创造价值，它们必须与某一明确的细分市场以及该细分市场内客户的任务、痛点及收益相关联，才会产生价值。这一点是至关重要的。

此外，产品与服务项目还应包括支持性内容。这些支持性内容能帮助客户扮演好买家角色（包括帮助客户进行对比、决策、购买等）、共同开创者角色（帮助客户参与到价值主张设计中）和转移者角色（帮助客户处理某些产品）。

价值主张可以在各不相同的产品与服务类型上构建而成：

① 物质形态的产品与服务，如通过生产加工创造的产品。

② 非物质形态的产品与服务，如著作权或售后服务。

③ 数字化形态的产品与服务，如音乐下载或在线推荐服务等。

④ 金融领域的产品与服务，如投资基金、保险或消费贷款等。

（2）痛点解决方案。痛点解决方案要明确描述如何避免或减少客户的烦恼。好的价值主张关注客户最重要的、最极端的痛点，因为一套方案无法对每个痛点都做出回应。在设计方案时，务必区分哪些内容是必要的，哪些是最好能有的，并聚焦在那些真正影响客户的痛点上。

（3）价值创造方案。价值创造方案描述了产品和服务如何创造客户收益。它明确描述了打算提供给客户的期望，或者使客户感到惊讶的结果和效益，如功能效用、成本节约、积极情感等。与痛点解决方案一样，价值创造方案能为客户或多或少地带来相关的正向结果或效益。需要注意的是，在设计方案时，务必把必要的和最好能有的收益创造点区分开来。

2．产品价值画布的使用流程

产品价值画布的使用流程包括以下步骤。

（1）罗列产品和服务：列出与现在的价值主张相关的所有产品和服务。

（2）概述痛点解决方案：概述产品和服务如何通过消除不尽如人意的结果、障碍或风险来解决客户的痛点。

（3）概述价值创造方案：说明产品和服务现在如何为客户创造他们希望得到的结果和收益，一个记事贴对应一个价值创造方案。

（4）按重要性排序：根据对客户的重要性，对产品和服务、痛点解决方案、价值创造方案进行排序。

3．产品价值画布的使用原则

产品价值画布的使用原则包括以下内容。

（1）只罗列针对某一个客户群的产品和服务。

（2）痛点解决方案和价值创造方案的重点在于说明产品和服务如何创造价值，有何特色，不要在方案中罗列产品和服务清单。

（3）产品和服务必须与痛点解决方案、价值创造方案联合设计，这样才能创造价值。

（4）再优秀的价值主张也需要在具体的客户任务、痛点及收益中进行取舍，没有任何一个价值主张能够解决所有问题。

四、价值适配的内涵

在完成客户思维画布和产品价值画布之后，需要仔细检查这两者之间的匹配程度，以确保产品的价值能够满足客户的期望。为了进行有效的检验，可以通过逐条分析痛点解决方案和价值创造方案来评估它们与客户的任务、痛点以及收益的契合度。如果有任何不契合的地方，就意味着产品的价值无法满足客户的实际需求，这种情况下需要重新审视产品的设计和定位。如果大部分的解决方案和创造方案都与客户的需求相契合，那么产品的价值与客户的期望之间就具有较高的适配度。

价值适配有三个阶段：

1．设计阶段

在设计阶段，创新者们应致力于充分了解客户的关键任务、痛点和预期收益，并据此进行有针对性的产品价值设计。在这个过程中，可以提出多个方案进行对比和筛选。然而，此时的价值适配还仅停留在书面阶段，尚未经过客户的实际验证。

2．市场验证阶段

在市场验证阶段，创新者们应致力于验证或修正价值主张的潜在假设。在这个过程中，创新者们可能会发现早期的一些设想无法实现，需要重新设计价值主张。找到符合市场要求的价值主张是一个漫长且重复的过程，无法一蹴而就。

3．商业模式适配阶段

在商业层面，即使有出色的价值主张，如果没有与之相匹配的商业模式，也可能导致收益不佳甚至失败。寻找合适的商业模式是一个耗时且复杂的任务，只有当创新者们的价值主张能够创造出高于产品生产和交付成本的价值时，才能认为已经与商业模式适配。

【创新行动】

描绘项目的价值主张画布

创新行动：描绘项目的价值主张画布

行动准备

1. 时间：1 小时。

2. 参与人员：团队成员。

3. 工具：4 张大白纸、每人 1 支黑色小双头记号笔、6 种颜色的便利贴（每人最少 10 张）、1 卷美纹纸、圆点贴。

行动步骤

1. 用美纹纸或者大头针从左到右将 4 张大白纸纵向贴到或者钉到墙上。

2. 画出产品价值画布和客户思维画布，并且在这两个画布中的各个栏目用不同的颜色进行标记。

3. 先研究客户思维画布。假设所有参与者都是客户，罗列出团队需要达到的目标或者任务，即团队最希望获得什么，想要在哪些方面有所提升，客户最基本的需求是什么。在此基础上探讨为了实现目标还缺少什么，有哪些需要解决的痛点和难点。

4. 将自己的想法写到与栏目颜色相对应的便利贴上，每张便利贴上写一条想法。写完后，将其贴到客户思维画布对应的部分。先进行讨论并补充、完善，再进行分类，用圆点贴投票法对想法进行优先级排序。

5. 完成产品价值画布。这里主要讨论的是为了解决客户的问题，有哪些产品或服务或者解决方案能满足客户的需求。可以提出下列问题：这些产品或者服务可以满足客户的基本需求吗？可以帮助客户实现他们期望的价值吗？它们是否可以满足客户需求？是否可以帮助客户解决问题？是否还有超越客户需求的解决方案？

6. 围绕着产品价值画布的不同栏目写出答案，并用不同颜色的便利贴贴在相应位置上。

7. 整体完成价值主张画布之后，需要检查产品或服务是否可以匹配客户的需求、渴望，解决客户的痛点。如果不匹配，就需要调整方案，进一步进行讨论；如果匹配，就需要讨论怎样做可以使项目得以实现。

【训练工具卡】

价值主张画布

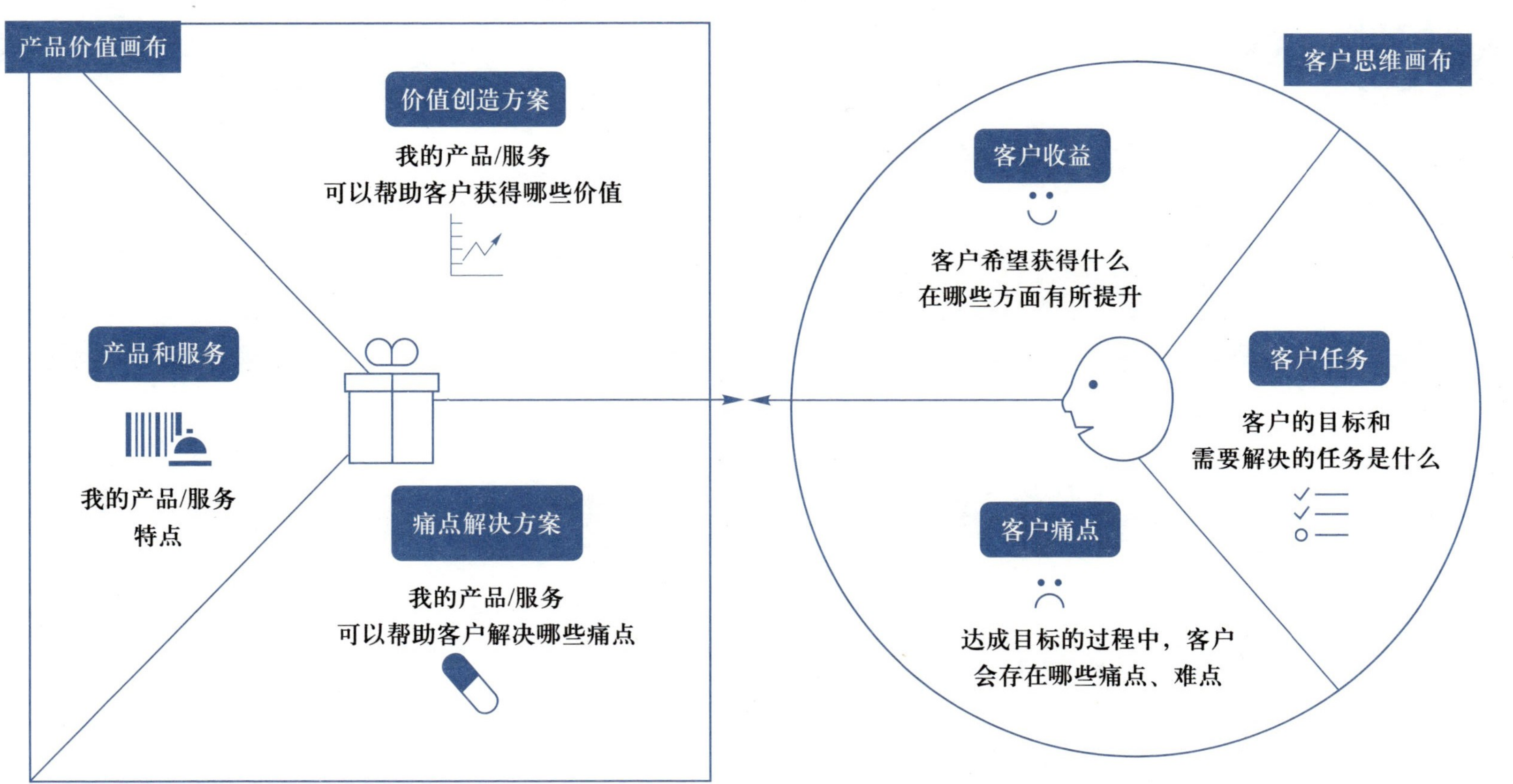

训练工具卡

任务二　构建商业模式

【新情境】

在现代都市里，很多人常常手机不离身，遇到手机没电的情况特别令人苦恼。共享充电宝的商业模式为许多人解决了这一痛点。相关公司在公共场所如购物中心、地铁站、咖啡馆等地方放置共享充电宝充电站，客户只需通过手机应用程序就能方便地租借充电宝，解决燃眉之急。当客户归还充电宝时，公司会根据租借时间和充电宝的使用情况向客户收取相应的租金，从而获得收入。

共享充电宝公司不仅可以通过向客户收取租金获利，还会积极寻求其他的收入来源。此类公司与其他商家合作，在充电站附近放置广告牌，吸引更多的客户和商家关注他们的产品和服务。此类公司还与一些大型商场和酒店合作，为他们提供充电宝租赁服务。因为这些场所通常是人们聚集的地方，也是需要大量使用充电宝的地方。通过与这些商家合作，公司可以增加充电宝的使用率，提高租金收入，同时这也提高了公司的品牌知名度和影响力。共享充电宝公司通过独特的商业模式和服务方式，为客户和商家提供了便捷、实用的手机充电解决方案，同时也不断寻求创新和合作机会，扩大收入来源，提高品牌价值和市场竞争力。

通过价值主张画布的学习，可以建立产品或服务与客户之间的有效连接。在本任务的学习中，将利用一个工具来搭建起一个完整的商业模式框架，帮助创新者理清思路，找到合适的商业模式，使创新的想法可以顺利商业化。这个工具就是商业模式画布，它能够描述企业创造价值、传递价值和获取价值的基本原理。

【知识探究】

一、商业模式与商业模式画布

随着技术的更替、市场的快速发展和客户需求的不断更新，一系列变化也随之产生。在创新理念下，不断有行业被改变甚至被颠覆，出现了新的行业，诞生了新的企业。企业在面对市场、客户、投资人时，要回答的第一个问题就是：你们的商业模式是什么？

商业模式画布（如图 8-2 所示）是用来描述和分析企业组织如何创造价值、传递价值、获得价值的工具，它能够帮助企业明晰商业运行规则。商业模式画布不仅能帮助企业催生创意、减少猜测、锁定目标客户、合理解决问题，而且能实现商业模式的可视化，能使用统一的语言讨论不同的商业模式，让复杂的问题变得简单明了。

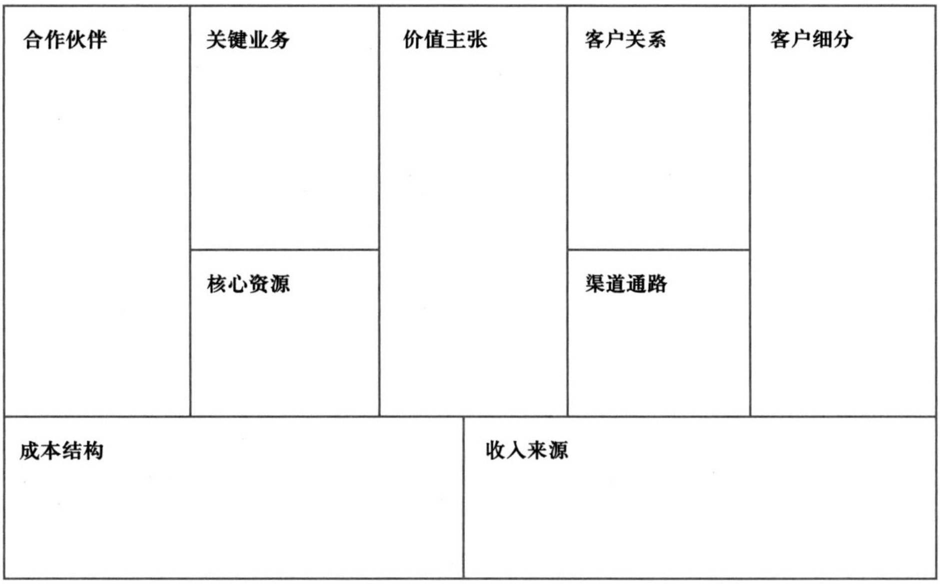

<table>
<tr><td rowspan="2">合作伙伴</td><td>关键业务</td><td rowspan="2">价值主张</td><td>客户关系</td><td rowspan="2">客户细分</td></tr>
<tr><td>核心资源</td><td>渠道通路</td></tr>
<tr><td colspan="3">成本结构</td><td colspan="2">收入来源</td></tr>
</table>

图 8-2　商业模式画布图

商业模式画布通过 9 个基本模块来描述并构建商业模式，展示企业创造收益的逻辑。这 9 个模块覆盖了商业的 4 个主要方面：① 交付物（价值主张），即企业为客户创造价值的产品或服务；② 客户（客户细分、渠道通路、客户关系），即企业确定目标客户，向客户传递价值主张并在达成交易后维护与其的关系；③ 基础设施（核心资源、关键业务、合作伙伴），即企业构建商业模式，提升竞争力所需的支持；④ 财务生存能力（收入来源，成本结构），即企业需要通过盈利来维持长期的商业运作。

按照构建商业模式的一般顺序，这 9 个模块分别是：

（1）价值主张。通过价值主张来解决客户难题，满足客户需求。

（2）客户细分。企业或机构所服务的一个或多个客户分类群体。

（3）渠道通路。通过沟通和销售渠道向客户传递价值主张。

（4）客户关系。在每一个客户细分市场建立和维护客户关系。

（5）核心资源。核心资源是提供和交付先前描述要素所必备的重要资产。

（6）关键业务。通过执行一些关键业务活动，运转商业模式。

（7）合作伙伴。与企业合作并共同开展业务活动的其他组织或个人，负责提供资源、技术、市场渠道、品牌影响力等方面的支持。

（8）收入来源。收入来源产生于成功提供给客户的价值主张。

（9）成本结构。商业模式上述要素所引发的成本构成。

二、商业模式画布的模块

1．价值主张

价值主张是指为特定客户提供价值的系列产品和服务。它解决了客户的困扰，满足了客户的需求。价值主张可以是完全创新的产品和服务，也可以是在现有产品或服务基础上的迭代升级。价值可以是定量的（价格、服务速度），也可以是定性的（设计、用户体验）。

价值主张包括以下内容：

（1）新颖。引入全新的产品或服务，以满足客户的新需求，如全新电子产品的出现。

（2）性能。提升产品或服务的功能，以满足客户不断提高的要求，如计算机产品硬件的不断更新。

（3）定制化。根据客户的需求和偏好，提供个性化的产品或服务。

（4）身份地位。通过使用特定产品或服务来彰显客户的身份和地位，如高档品牌产品或新潮产品。

（5）价格。提供更低的价格或免费的产品或服务，以满足客户的预算需求。

（6）风险抑制。提供与产品或服务相关的保险业务，以降低客户的风险。

（7）便利性。提供更简单快捷的解决方案和渠道，使客户能够方便地使用产品或服务。

2．客户细分

客户细分需要明确的是：为谁提供服务？谁是最重要的客户？客户对于产品或服务有明显不同的需求吗？是否需要通过不同渠道接触到不同客户？不同客户对不同商业模式的贡献是否不同？不同客户为获得产品或服务可以支付的费用能力是否不同？

常见的客户细分主要有以下几种模式：

（1）多边市场。是指两个或两个以上的具有相互依存关系的客户群体之间的交易或交互，如资信 App 的广告商和读者之间存在着相互依存关系。这种市场的特点是客户群体的需求相互依赖，形成一种“多边”的交易关系。

（2）大众市场。是指在某一行业中，由于客户需求大致相同，从而形成了一个大规模的、具有普遍需求的消费群体。例如，消费类电子产品行业中的消费者需求大致相同，因此形成了大规模的消费群体。

（3）利基市场。是指针对某一特定需求进行定制的市场，这种市场通常是由一些具有独特需求的消费者构成的，具有需求高度专门化的市场特征。例如，汽车零部件厂商为满足汽车生产工厂的特定需求而提供定制化的零部件，以满足汽车生产工厂的特殊需求。

（4）区隔化市场。是指客户需求有不同区隔的市场，这种市场的特点是虽然客户的需求有差异，但仍然具有一定的共性。例如，银行针对不同资产等级的客户提供有差别的服务，以满足不同客户的需求。

（5）多元化市场。是指客户需求完全不同的市场，这种市场的特点是客户的需求完全不同，没有任何共性。例如，电子商务平台硬件支持企业提供的在线存储空间业务和按需使用服务器业务就是两个完全不同的业务市场，其客户需求也完全不同。

3．渠道通路

渠道通路是指通过沟通、接触客户而传递价值主张的客户接触点，它不仅包括销售渠道，还包括推广渠道、反馈渠道和售后渠道。

渠道通路的构建包括以下五个阶段：

（1）认知。通过多种渠道宣传产品或服务，如社交媒体、搜索引擎、线下活动等，让潜在客户了解产品或服务的特点、优势和使用方法。

（2）评估。提供详细的产品或服务的信息和案例，让客户了解产品或服务的价值主张和解决方案，同时提供产品或服务的免费试用或演示，让客户亲身体验产品或服务的效果，并让客户评价产品或服务的价值主张。

（3）购买。提供多种购买渠道和支付方式，如电商网站、手机应用、线下门店等，同时提供折扣优惠和附赠礼品等促销活动，让客户更容易购买产品或服务。

（4）传递。通过不同的社交媒体等渠道，让客户分享使用产品或服务的体验和感受，同时提供优质的客户服务和售后支持，让客户更加信任和接受产品或服务的价值主张。

（5）售后。提供多种售后支持和服务，如在线客服、电话咨询、上门维修等，及时解决客户的使用问题和需求，同时通过客户反馈和调查等方式，不断改进产品或服务，提高客户的满意度和忠诚度。

4．客户关系

客户关系是指企业与客户之间建立的一种关系，它涉及双方之间的沟通、合作、信任和满意度等方面。在商业环境中，良好的客户关系是企业经营的关键要素之一。按照管理的主动性和深度可以将客户关系分为以下五种类型：

（1）基本型客户关系。是指企业销售人员把产品销售出去后就不再与客户接触。这种关系通常只关注销售本身，而不考虑客户的需求和反馈。然而，随着市场竞争的加剧，这种关系已经不再适用。企业需要更加关注客户的需求和反馈，以便更好地满足他们的期望。

（2）被动型客户关系。该类型客户关系鼓励客户在购买产品后遇到问题或有意见时及时向企业反馈。这种客户关系虽然比基本型更进一步，但仍然缺乏主动性和个性化。企业需要更加主动地与客户建立联系，并提供个性化的解决方案。

（3）负责型客户关系。强调企业需要主动解决客户的问题并满足客户的需求。这种关系要求企业不仅关注销售本身，还要关注客户的整体需求和满意度。

企业需要建立完善的客户服务体系，以便更好地满足客户的需求。

(4) 能动型客户关系。要求企业主动与客户建立联系并提供帮助。这种关系注重客户的个性化需求和体验，要求企业不断创新和改进产品和服务。企业需要建立强大的客户关系管理团队，以便更好地了解客户的需求和反馈。

(5) 伙伴型客户关系。意味着企业与客户建立起长期稳定的信任合作关系。这种关系不仅关注销售本身，还注重客户的长期价值和满意度。企业需要与客户的利益保持一致，并建立长期稳定的合作关系。

不同的客户关系类型需要不同的策略来满足客户的需求并保持其忠诚度。企业需要根据自身的实际情况和市场环境选择合适的客户关系类型，并采取相应的措施来建立和维护良好的客户关系。

5. 核心资源

核心资源是商业模式运行所需要的最重要的因素。不同商业模式需要的核心资源是不同的。对于核心资源，需要界定清楚以下几个问题：

(1) 为了实现价值主张，需要什么核心资源？实现价值主所需要的核心资源可以包括但不限于：① 实体资产，如芯片制造商需要先进的生产设备和优质的原材料，以确保生产出高质量的芯片；② 知识资产，如专利、版权和品牌等，它们对于企业来说至关重要，可以保护他们的创新成果，并帮助他们在市场上建立信誉；③ 人力资源，包括技能、经验和专业知识等，这些可以帮助企业了解客户需求，提供定制化的解决方案，以及进行研发和创新；④ 金融资产，涉及资金、投资和融资等，这些都是商业模式成功运营所必需的资源，可以支持企业的研发、生产和营销活动。

(2) 为了获得客户渠道，需要什么核心资源？获得客户渠道的核心资源可以包括但不限于：① 销售团队，具有专业知识和经验的销售团队可以帮助企业了解客户需求，提供定制化的解决方案，并达成销售目标；② 渠道合作伙伴，与渠道合作伙伴建立良好的关系可以帮助企业扩大销售渠道，提高市场覆盖率，并获得更多的客户；③ 客户关系管理系统，建立有效的客户关系管理系统可以帮助企业了解客户需求，提高客户满意度和忠诚度，并促进销售增长。

(3) 为了提高收入，需要什么核心资源？提高收入的核心资源可以包括但不限于：① 产品策略，通过不断改进产品或服务的质量和功能，可以吸引更多的客户，提高市场占有率，从而增加收入；② 定价策略，合理的定价策略可以帮助企业了解市场需求和竞争情况，制定合适的价格政策，从而提高收入；③ 营销策略，有效的营销策略可以帮助企业提高品牌知名度和市场占有率，吸引更多的潜在客户，从而增加收入。

6. 关键业务

关键业务是指为了保证商业模式有效运行，与核心资源有很强的联系的业务。关键业务包括但不限于：制造产品、问题解决、平台。

对于关键业务，需要重点了解以下问题：

（1）为了实现价值主张需要完成什么关键业务？为了实现价值主张，需要完成的关键业务包括但不限于制造产品、问题解决、平台等。具体来说：① 制造产品是指通过生产设备、技术手段和工艺流程等手段生产出具有特定性能和功能的产品，以满足客户的需求。② 问题解决是指针对客户的问题或需求，提供有效的解决方案或服务，帮助客户解决实际问题。③ 平台是指建立一个集成了各种资源、服务和应用的平台，为客户提供一站式的解决方案，并通过对平台的不断优化和升级，持续提高客户的满意度和忠诚度。

（2）为了获得客户渠道需要完成什么关键业务？为了获得客户渠道，需要完成的关键业务包括但不限于市场推广、销售渠道建设、品牌塑造等。具体来说：① 市场推广是指通过各种营销手段和渠道进行推广，如广告宣传、促销活动、社交媒体推广等，以提高产品的知名度和影响力，吸引潜在客户的关注和购买。② 销售渠道建设是指通过建立广泛的销售网络和渠道，将产品推广到更广泛的市场和客户群体中。③ 品牌塑造是指通过建立品牌形象、提升品牌价值和口碑等手段，提高品牌的知名度和美誉度，增强客户对品牌的信任和忠诚度。

（3）为了提高收入需要完成什么关键业务？为了提高收入，需要完成的关键业务包括但不限于扩大市场份额、提高客户满意度、增加产品附加值等。具体来说：① 扩大市场份额是指通过不断扩大产品的销售量和市场占有率，提高公司在市场中的地位和影响力。② 提高客户满意度是指通过不断提高产品的质量和服务水平，满足客户的需求和期望，增加客户的重复购买和推荐。③ 增加产品附加值是指通过研发新的产品和服务，提供更多的功能和价值，提高产品的售价和利润空间。

7. 合作伙伴

合作伙伴主要是指商业过程中的供应商和合作关系网络。与之对应的合作关系包括非竞争者之间的同盟关系，竞争者之间的合作关系，合资关系等。

对于合作伙伴，应找到以下几个关键问题的答案：

（1）从哪里获取核心资源？这些资源可能来自供应商，也可能来自合作关系。企业需要确定能从哪些渠道获取核心资源，并确保这些资源的稳定供应。例如，一家制造企业可能需要从供应商那里获取原材料，而一家零售企业则可能需要从合作关系那里获得货源。

（2）选择哪些供应商？供应商的选择对于企业的运营至关重要。企业需要选择能够提供高质量、低成本原材料的供应商，以确保生产的顺利进行。例如，一家电子产品制造商可能需要选择具有高可靠性和竞争力的零件供应商，以确保其生产线的顺畅运行。

（3）合作伙伴都做出了什么贡献？合作伙伴可以为企业提供多种支持，包括提供渠道、资金、技术等。企业需要明确每个合作伙伴的贡献，并制定相应的合作策略，以充分利用这些资源。例如，一家科技公司可能需要与电信运营商合作，以获取更高的市场覆盖，而一家汽车制造商可能需要与金融公司合作，以获取更完善的金融服务。

8．收入来源

收入来源是指企业通过销售产品或提供服务，从客户那里获得的经济收益。

获得收入来源的主要类型有：

(1) 所有权销售。这是最普遍的收入来源，通过直接出售产品或服务的所有权来获得收入。这种销售方式的特点是消费者在购买产品或服务后便对其拥有了完全控制权，可以随意使用、转让或处置该产品或服务。例如，当消费者购买了一辆汽车时，他就拥有了这辆汽车的所有权，可以自由地使用、维修或出售该汽车。

(2) 使用权销售。在这种销售方式中，消费者购买的是产品或服务的使用权，而不是所有权。例如，当消费者预订一家酒店房间时，他实际上是购买了该房间的使用权，可以在特定的时间内使用该房间，但并不拥有该房间的所有权。与所有权销售不同，使用权销售通常会限制消费者对产品或服务的某些控制权限，例如消费者不能随意转让或出售使用权。

(3) 租赁销售。在这种销售方式中，消费者购买的是特定产品或服务在一定时间内的排他性使用权力。这意味着消费者可以在该时间段内独占使用该产品或服务，但并不拥有其所有权。例如，当消费者租用一辆汽车时，他购买了该汽车在租赁期内的使用权，但并不拥有该汽车的所有权。与使用权销售类似，租赁销售通常也会限制消费者对产品或服务的某些控制权限，例如，消费者不能随意转让或出售租赁权。

(4) 经纪费用。这是一种通过提供中介服务从而获得的费用收入。通常表现为经纪公司或个人为买卖双方提供信息、协商条件并促成交易达成，从而获得一定的佣金或费用。例如，房地产中介为购房者和售房者提供房屋信息、协助双方谈判并促成交易，从而收取一定的中介费用。

9．成本结构

成本结构是指企业顺利运营所需的各类成本的构成。为了确保商业模式的顺利运营，企业需要充分了解并管理这些成本。其中，两个关键议题需要被明确地理解：

(1) 成本需要被量化。这意味着企业需要准确地计算和评估所有必要的成本，包括直接成本（如原材料采购、员工工资等）和间接成本（如市场营销费用、管理费用等）。只有通过量化的方式，企业才能明确了解其商业模式中的成本构成，从而有针对性地进行成本优化和管理。

(2) 成本驱动和价值驱动的区分。在商业模式中，有些企业侧重于通过降低成本来获取竞争优势，而有些企业则侧重于通过提供额外的价值或服务来获取竞争优势。正确地识别并区分这两种驱动因素对于企业的战略制定和运营决策至关重要。

【数字新时代】

数字技术实现商业模式创新

大疆创新科技有限公司(以下简称“大疆”),是全球领先的无人飞行器控制系统及无人机解决方案的研发和生产商,其客户遍布全球100多个国家。通过持续创新,大疆致力于成为持续推动人类进步的科技公司,并利用数字技术实现了企业的商业模式创新。

1. 产品创新

大疆通过数字技术创新了其无人机产品线,成功推出了多款具有高性能、高稳定性以及高安全性的无人机产品,满足了不同领域的需求,包括航拍、农业、测绘、救援等。

2. 服务创新

大疆利用数字技术提供了一系列服务,如飞行控制、数据处理以及云存储等,为用户提供了全方位的解决方案,从而提高了用户体验。此外,大疆通过数字技术对无人机采集的数据进行收集、分析和处理,为用户提供了更加精准的数据支持,帮助用户更好地进行决策和规划。

3. 生态创新

大疆利用数字技术构建了一个完整的生态系统,包括硬件、软件、服务以及社区等,为用户提供了全方位的支持和服务,从而促进了行业的发展和创新。

大疆通过数字技术实现了产品、服务以及生态的创新,凭借其尖端的技术和多样化的技术服务方案,正在创造更大的商业价值实现可能性。

如果商业模式画布绘制得简洁清晰,即便是面对一个不熟悉的项目和公司,创新者也可以快速完成信息的充分交换,实现有效沟通。以下面这个轻食项目的商业模式画布(如图8–3所示)为例,可以进一步了解商业模式画布的应用。

三、构建商业模式的流程

1. 动员

动员阶段属于前期准备,要求为商业模式设计活动做充分的准备,让成员意识到需要新的商业模式。可以描述该项目背后的动机,建立一种统一的语言来描述、设计、分析和讨论商业模式。利用便利贴、马克笔等绘制商业模式画布,运用讲故事的方法进行动员。

<table>
<tr>
<td rowspan="2">合作伙伴
•医疗体检机构
•健身场馆
•健康餐饮服务商
•运动App
•运动服装供应商</td>
<td>关键业务
•菜品研发
•店铺、配送管理
•配方研发
•关键食材加工</td>
<td rowspan="2">价值主张
•提供健康、好吃的轻食</td>
<td>客户关系
•线上量身定制饮食报告</td>
<td rowspan="2">客户细分
•生活节奏快，注重个人身材、形象的用户</td>
</tr>
<tr>
<td>核心资源
•完善、专业的运营团队</td>
<td>渠道通路
•微信公众号</td>
</tr>
<tr>
<td colspan="3">成本结构
•店铺、配送建立、维持成本
•重要伙伴合作费用
•系统研发迭代费用
•团队薪资、品牌建设费用</td>
<td colspan="2">收入来源
•线下店铺和外卖销售收入</td>
</tr>
</table>

图 8-3　某轻食项目商业模式画布

2．理解

理解阶段重在钻研，要求商业模式设计团队完全沉浸在客户、技术和环境等相关知识里，收集信息、访谈专家、研究潜在客户，还要识别需求和问题。在这一步，需要充分运用之前提到的很多工具，包括商业模式画布、商业模式类型、客户洞察、视觉化思考、场景假设、商业模式环境、评估商业模式等。

3．设计

设计阶段重在探究，要求对前一阶段所获取的信息和创意进行深入研究，并在此基础上构建可以被开发和验证的商业模式模型。经过深入的商业模式探究后，选择令人满意的商业模式设计方案。

在这一阶段中，团队将运用多种工具，包括第二步理解阶段所使用的工具，以及市场分析、竞争对手分析、渠道设计、关键业务设计等其他工具，以确保设计工作得以全面、准确地进行。

4．实施

实施阶段就是执行，要求实施所选的商业模式设计。

在实施商业模式设计时，同样可以有效运用之前的很多工具，如讲故事、视觉化思考等。这些工具都能使实施过程更便于理解和实践。

5．管理

管理阶段就是进行商业模式演进。要求建立管理组织架构来持续地监控、评估、调整或改变商业模式。商业模式演进是指将理论用于实践之后进行改造与调整。在这一阶段，需要运用视觉化思考、场景假设等工具不断改进，做好新情况下的商业模式监控，并实时进行评估、调整或改变。

【创新行动】

绘制商业模式画布

创新行动：绘制商业模式画布

行动准备

1. 时间：1 小时。

2. 参与人员：团队成员。

3. 工具：1 大张空白的商业模式画布、每人 1 支黑色小双头记号笔、每人最少 10 张 9 种颜色的便利贴、1 卷美纹纸。

行动目标

通过绘制商业模式画布，完善项目的整体商业模式并进行可行性测试。

行动步骤

1. 将一张足够大的商业模式画布贴在白板上或墙上。

2. 团队成员全部参与商业模式讨论。

3. 针对商业模式画布的九个模块逐一进行讨论。

4. 先将要点写在便利贴上，再将便利贴在画布上，一个想法一张便利贴。

5. 根据讨论结果，随时更换画布上的便利贴。

【训练工具卡】

商业模式画布

<table>
<tr><td rowspan="2">合作伙伴</td><td>关键业务</td><td rowspan="2">价值主张</td><td>客户关系</td><td rowspan="2">客户细分</td></tr>
<tr><td>核心资源</td><td>渠道通路</td></tr>
<tr><td colspan="2">成本结构</td><td colspan="3">收入来源</td></tr>
</table>

训练工具卡

德技并修

灵活就业解决方案

洪泽鑫，某职业院校2019届管理学院的毕业生，在就读期间，他观察到舍友在兼职过程中遭遇了诸多不公正待遇，包括工资拖欠、权益无保障、维权困难以及招聘信息的真伪难辨。舍友的经历让他意识到，有大量的求职者都面临着类似的问题。

2020年，《岂不怀归：三和青年调查》的出版让洪泽鑫接触到了灵活用工行业求职者的世界，他进一步认识到社会上低学历、低技能人群在兼职就业上面临更大的困境。因此，他开始关注灵活用工行业，并提出了“让每个人都有体面的职业”的创业价值主张。在此背景下，他正式创办了优优易职科技有限公司（以下简称“优优易职”）。

自成立以来，优优易职一直致力于解决大学生就业问题，并在灵活用工领域探索中国就业市场发展的新方向。目前，团队拥有300多万名灵活就业用户，累计合作企业超过千家，累计发布兼职就业岗位16.7万个，成为灵活用工行业的领跑者。

优优易职团队成员在公司运营的过程中深感责任重大，他们意识到公司的进一步发展需要更多的专业知识和经验积累。因此，在老师的指导下，团队持续开展客户洞察、市场调研等工作。通过阅读各类研究报告、相关书籍，他们对灵活用工行业形成了更加系统的专业化认知。同时，他们还通过对任务端、劳力端用户开展实地调研，深入洞察用户痛点，提出更优的解决方案。

案例思考

1. 初创企业如何在市场竞争激烈的行业中保持竞争优势？
2. 如何让自己的创业项目建立长期稳定的客户关系？
3. 如何实现初创企业的可持续发展？

创新之光

“神威·太湖之光”：中国超级计算机的突破性成果

作为首台完全采用国产处理器构建的超级计算机，“神威·太湖之光”超级计算机于2015年12月21日在无锡成功落地，这一事件标志着我国在超级计算机领域所取得的突破性成果。

1. 计算能力

“神威·太湖之光”超级计算机的最大特点是其惊人的计算速度，其整机系统峰值性能可达每秒12.5亿亿次。形象地说，其1分钟的计算能力相当于全球72亿人同时用计算器不间断计算32年的结果。这一卓越的性能使它成了世界上第一台峰值计算速度超过每秒10亿亿次的超级计算机。

2. 关键指标

在发布时，“神威·太湖之光”超级计算机在计算性能、持续性能和性能功耗比这三项关键指标上均居世界前列，充分展示了我国在超级计算机领域的先进技术和研发实力。

3. 应用移植

为了方便应用的移植，“神威·太湖之光”超级计算机提供了基于控制流驱动的制导语言形式并行编程工具“神威OpenACC”。这种工具可较为快速地实现应用移植，进一步突显了其创新性和实用性。这一创新性的编程工具为应用开发者提供了便利，使得他们能够更加高效地将自己的应用迁移到“神威·太湖之光”上。

“神威·太湖之光”超级计算机的成功研制充分展示了我国在超级计算机领域的先进技术和研发实力，也是我国创新精神的体现。创新精神是党的二十大报告所倡导的精神内涵之一，它不仅要求创新者具备创新思维和勇气，还要求创新者具备坚韧不拔的毅力和不断学习的精神。这一精神内涵不仅激励着科技领域的创新者们不断追求卓越，同时也鼓舞着广大人民群众积极进取、勇攀高峰。

参考文献

[1] 谢耘．创新的真相：技术逻辑与市场局限的冲突与融合［M］．北京：机械工业出版社，2021.

[2] 许小年．商业的本质和互联网［M］.2 版．北京：机械工业出版社，2023.

[3] 鲁百年．创新设计思维：创新落地实战工具和方法论［M］.2 版．北京：清华大学出版社，2018.

[4] 于佳佳，富尔雅，孟祥玲，等．创新设计思维［M］．北京：清华大学出版社，2019.

[5] 王可越，税琳琳，姜浩．设计思维创新导引［M］．北京：清华大学出版社，2017.

[6] 吴军．智能时代［M］．北京：中信出版社，2016.

[7] 吴晓义．创新思维［M］．北京：清华大学出版社，2016.

[8] 吴伯凡，王飞鹏．新 IT：从信息到智能的大转变［M］．北京：机械工业出版社，2023.

[9] 周留征．华为创新［M］．北京：机械工业出版社，2017.

[10] 周艳影．系统化思维：直击本质，洞察未来［M］．北京：电子工业出版社，2022.

[11] 税琳琳，任欣雨．神奇的设计思维游戏书［M］．北京：人民邮电出版社，2022.

[12] 曾国平，曾经．创新思维与创造力［M］．重庆：重庆大学出版社，2016.

[13] 吴维．高职院校提升创新创业教育质量的思考［J］．教育与职业，2019，(1)：63-67.

[14] 吴维．高校思想政治教育与创新创业教育协同育人模式［J］．文教资料，2018，(13)：161-162.

主编简介

吴维，深圳职业技术大学创新创业学院副教授，深圳职业技术大学“丽湖人才技能大师”，国家职业教育创新创业教育教学资源库核心建设成员，资源库核心课、全国高校就业创业金课“创新思维”课程负责人。专注于创新教育领域，指导学生荣获多项中国国际大学生创新大赛国赛、省赛金奖项目，获省级以上教学能力大赛奖励3项。开展相关研究30余项，主持国家职业教育创新创业教育教学资源库子项目3项，负责开展丽湖职教双创教育国际虚拟教研室数字平台建设。出版专著、教材5部。

同婉婷，深圳职业技术大学创新创业学院教研室主任，国家职业教育创新创业教育教学资源库核心建设成员，丽湖职教双创教育国际虚拟教研室秘书长，深圳市人社局特聘创业导师，国际劳工部组织SYB认证讲师。指导学生荣获多项中国国际大学生创新大赛国赛、省赛金奖项目。主编创新创业类教材5本，获评省级创新创业精品教材1本；主持省市级课题多项，参与3门国家级资源库在线课程的开发。

韩晓洁，深圳职业技术学院创新创业学院培训中心主任，深圳大学经济学博士，斯坦福大学职业发展中心认证创新导师、百森商学院IDT创新领导力认证讲师、国际劳工部组织SYB认证讲师、人社部认证高级创业指导师、深圳市人社局特聘创业导师。发表论文十余篇，主持国家职业教育创新创业教育教学资源库课程、省级示范课、校级金课多项，编写创新创业类教材4本。

读者意见反馈

为收集对教材的意见建议,进一步完善教材编写并做好服务工作,读者可将对本教材的意见建议通过如下渠道反馈至我社。

咨询电话　400-810-0598

反馈邮箱　gjdzfwb@pub.hep.cn

通信地址　北京市朝阳区惠新东街4号富盛大厦1座

高等教育出版社总编辑办公室

邮政编码　100029

防伪查询说明

用户购书后刮开封底防伪涂层,使用手机微信等软件扫描二维码,会跳转至防伪查询网页,获得所购图书详细信息。

防伪客服电话　(010)58582300

网络增值服务使用说明

授课教师如需获取本书配套教辅资源,请登录"高等教育出版社产品信息检索系统"(xuanshu.hep.com.cn),搜索本书并下载资源。首次使用本系统的用户,请先注册并进行教师资格认证。

编者联系邮箱:11280118@qq.com(吴维)

高教社高职经管基础、创新创业教育研讨交流 QQ 群:570779413